阅读成就思想……

Read to Achieve

治愈性心理学系列

Emotional Vampires
Dealing with People Who Drain You Dry
Second Edition

对身边的软暴力说不
第2版

如何识别和摆脱情感勒索

[美] 阿尔伯特·伯恩斯坦（Albert Bernstein） 著

颜语 王巧申 译

中国人民大学出版社
·北京·

图书在版编目（CIP）数据

对身边的软暴力说不：如何识别和摆脱情感勒索：第2版/（美）阿尔伯特·伯恩斯坦（Albert Bernstein）著；颜语，王巧申译．—北京：中国人民大学出版社，2020.1

书名原文：Emotional Vampires：Dealing with People Who Drain You Dry, Second Edition

ISBN 978-7-300-27172-9

Ⅰ.①对… Ⅱ.①阿… ②颜… ③王… Ⅲ.①情感—通俗读物 Ⅳ.①B842.6-49

中国版本图书馆CIP数据核字（2019）第262537号

对身边的软暴力说不：如何识别和摆脱情感勒索（第2版）

[美] 阿尔伯特·伯恩斯坦（Albert Bernstein） 著
颜语　王巧申　译
Dui Shenbian de Ruanbaoli Shuo Bu: Ruhe Shibie he Baituo Qinggan Lesuo（Di 2 Ban）

出版发行	中国人民大学出版社		
社　　址	北京中关村大街31号	邮政编码	100080
电　　话	010-62511242（总编室）	010-62511770（质管部）	
	010-82501766（邮购部）	010-62514148（门市部）	
	010-62515195（发行公司）	010-62515275（盗版举报）	
网　　址	http://www.crup.com.cn		
经　　销	新华书店		
印　　刷	天津中印联印务有限公司		
规　　格	170 mm×230 mm　16开本	版　次	2020年1月第1版
印　　张	15.25　插页1	印　次	2020年1月第1次印刷
字　　数	240 000	定　价	75.00元

版权所有　　侵权必究　　印装差错　　负责调换

EMOTIONAL VAMPIRES
Dealing with People Who Drain You Dry

推荐序

揪出朋友圈中吸食你能量的情感勒索者

生活就像一张巨大的渔网，把地球上的所有人都网在了里面，不管好的坏的、善良的邪恶的、情绪化的还是理智的。

曾经在网络上流传过一句很火的话，"跟人打交道久了，你会越来越喜欢狗。"为什么？因为人太复杂啦，这种复杂不是表面的复杂，而是内心世界的复杂。而内心世界如何，我们从表面看不到，坏人更不可能在脸上刻上"我是坏人"，我们也无法像电影《大话西游》里的紫霞仙子一样跳进至尊宝的肚子里去一问究竟。

问题来了，怎么辨别与你打交道的这个人是安全的还是危险的呢？我在读研究生的时候，有一位授课老师给我们教授了一种看人的简单方法，他告诉我们，要想抓住人的本质，主要通过两个路径，一是思维模式，二是行为习惯。一般而言，有效的方式就是观察他们的思维和行为，简而言之，不要仅仅听他们说了什么，要从语言中听出他们的思维方式，更加重要的是看他们做了什么。

"太痛苦了，他快把我折磨疯了，雅玲，你说他到底是怎么想的？"淑华门也不敲，焦急地走进雅玲的房间。

雅玲苦笑了一下，说："还能怎么想，不爱你，利用你呗！"

"不可能，他发过誓会离婚娶我，爱我一辈子，永远不变心。"淑华信心满满的样子像极了花岗岩，坚硬！

"事实呢，他离婚娶你了吗？"雅玲张开双手，耸了耸肩，嘴角挤出一丝尴尬的笑容。

淑华沉默不语，随后用微弱的声音吐出"他有苦衷"四个字。

"醒醒吧，他爱的不是你，爱的是被你崇拜和欣赏的感觉，说到底，他只爱他自己，连他老婆也不爱。"雅玲头也不抬，继续忙着手里的活儿，"真正爱一个人，会让她的生活充满希望。不可能像现在这样，让你陷入纠结痛苦的深渊中，还熟视无睹，像个旁观者一样……"

淑华静静地听着，似乎在思索着什么。

很显然，淑华遇到的便是情感勒索者，被对方吸食了情感能量，把自己好好的生活搅得鸡犬不宁。

情感勒索者区别于法律层面上的敲诈勒索者，尽管他们"犯了罪"，给别人的生活带来无尽的烦恼，但他们并不会被警察带走，更不会接受审判，因此，能使你从他们的魔爪下逃脱的唯有你的智慧。

他们混迹在人群中，用肉眼根本无法辨别，因为从外观上看，他们跟普通人没有区别。本书作者从事心理学工作已四十多年，特别列举出五种最常见的勒索者，分别是反社会型勒索者、表演型勒索者、自恋型勒索者、强迫型勒索者、偏执型勒索者。

也许你会想，既然情感勒索者的破坏力这么强，那我避开他们不就行了吗？这多简单！可惜，残酷的是，情感勒索者可能是你的父母或亲戚朋友，可能是你的领导、同事或竞争对手。有的人际关系我们可以选择回避，但有的我们则无处可逃，比如，你的母亲是一位自恋型勒索者，你的领导是一位表演型勒索者，你能做到不和他们接触吗？我曾经在给心理咨询师们上课的时候举过一个最典型的情感勒索者的话术："你知道为什么我会骗你吗？因为我爱你。"人的大脑有一种特性，叫作瞬间认知超载，也叫作认知溢出，当我们的大脑被对方诱导出情感模式时，我们是很难通过理性去辨别真伪和是非的，特别是像上述这种逻辑错误的话术，它们可以绕过我们的认知中枢，抵达我们的情感中枢，最终导致我们一而再、再而三地被骗。所以，如何和情感勒索者相处是一个值得思考和学习的课题。

人是群居动物，时刻都生活在关系这张大网里。俗话说，"识人者智，自知者明"。本书中列举出了五种情感勒索者的特征，帮助我们识别出朋友圈中吸食我们情感能量的人，也提供了必要时安全地从一段危险的关系中撤离的具体方式。本书中的心理测试题也是一大亮点，毕竟识别一些情感勒索者对于我们来说确实存在难度。如果情感勒索者是你亲密的爱人或你非常在乎的人，你想伸出援助之手，那"避其锐气，击其惰归"不失为一招妙棋。要知道，接近他们已经够危险了，还想拯救他们，你说这危险指数得多高啊！很多心理类的自媒体，或者心理学课程会教大家远离这类人。事实上要想做到完全远离是不可能的。因为人类的本质是群居动物，你离开一种关系，就必然会对另外一些关系产生更多的渴望。换个角度来说，这些情感勒索者会以各种伪装面目混迹在人群中。他们擅长剥削他人的情感，这也是一种社会进化出来的优势。任何国家、民族和文化都会必然产生各种各样的情感勒索者。而且当某种社会联系将你与他们连接在一起时，你不可能通过简单的远离来解决所有的问题。

所以，识别他们、深刻地了解他们、巧妙地运用心理学的各种技巧安全地与他们相处、放弃不切实际的幻想……才是正路。最后，生活不易，且行且珍惜。让自己有更好的社会群体生活适应性、人生道路走得更加顺畅，正是我们翻开此书，学习实用的心理学知识的初衷和目的所在。

赵小明
中国心理卫生协会心理咨询与治疗专业委员会文化心理组委员
央视少儿频道《极速少年》节目心理专家

EMOTIONAL VAMPIRES
Dealing with People Who Drain You Dry

目录

第 1 部分　情感勒索者是谁

第 1 章　夜幕下的孩子：情感勒索者 / 002

第 2 章　如果情感勒索者是孩子，如何才能使他们成熟起来呢 / 010

第 3 章　情感勒索者的特点 / 014

第 2 部分　反社会型勒索者

第 4 章　可爱的无赖：反社会型勒索者 / 022

第 5 章　冒失鬼型勒索者：性感、刺激会损害你的健康 / 028

第 6 章　爱上冒失鬼型勒索者 / 040

第 7 章　热衷说谎的反社会型勒索者 / 054

第 8 章　自大又愚蠢的反社会型恶霸 / 062

第 9 章　生活中的反社会型勒索者 / 073

第 10 章　治疗反社会型勒索者的良方 / 086

第 3 部分　表演型勒索者

第 11 章　舞台上的勒索者：表演型勒索者 / 092

第 12 章　浮夸型表演者：无论什么都是一场戏 / 099

第 13 章　被动攻击型表演者：把我们从妖魔鬼怪及其帮凶手中解救出来 / 109

第 14 章　生活中的表演型勒索者 / 124

第 15 章　治疗表演型勒索者的良方 / 133

第 4 部分　自恋型勒索者

第 16 章　自恋型勒索者：可怜得只剩下自大 / 138

第 17 章　"传奇人物"型自恋者：他们这么有才华，哪用得着表演 / 146

第 18 章　"超级明星"型自恋者：必须爱他们，崇拜他们 / 159

第 19 章　生活中的自恋型勒索者 / 173

第 20 章　治疗自恋型勒索者的良方 / 181

第 5 部分　强迫型勒索者

第 21 章　强迫型勒索者：好事过了头 / 184

第 22 章　冥顽不化的完美主义者和清教徒 / 191

第 23 章　生活中的强迫型勒索者 / 205

第 24 章　治疗强迫型勒索者的良方 / 211

第 6 部分　偏执型勒索者

第 25 章　偏执型勒索者：察他人所不察 / 214

第 26 章　夸大妄想的空想家和绿眼怪 / 220

第 27 章　治疗偏执型勒索者的良方 / 232

后记　黎明将至：赢得与情感勒索者的战斗 / 234

EMOTIONAL VAMPIRES

Dealing with People Who Drain You Dry
———— Second Edition ————

第 1 部分

情感勒索者是谁

EMOTIONAL VAMPIRES

第1章
夜幕下的孩子：情感勒索者

情感勒索者像吸血鬼一样会跟踪你，甚至此时此刻，正在偷偷跟踪着你。无论是在宽阔明亮的大街上，还是在灯光闪烁着的办公室中，甚至还可能在你温暖的家里，他们就在那儿，伪装成正常人，直到自己的内在需求将其转变为嗜血的野兽。

它们吸食的不是你的血，而是你的情感能量。

你可别误以为我们在谈论那些常见的讨厌的人。他们不过是聚在门灯旁的飞虫，只要我们将手一挥就会轻易将其赶走。我们谈论的是名副其实的黑暗生灵。它们不仅能够激怒你，还有能量将你催眠，使你的心灵沉浸在虚假的承诺之泉，直至深陷于他们的魔咒，无法自拔。情感勒索者引诱你，然后榨干你。

起初，情感勒索者看起来比普通人优秀。他们像罗马尼亚的德古拉伯爵（Dracula count）[①]一样头脑聪颖、天赋异禀、富有魅力。你喜欢他们，信任他们，你对他们的期望要高于他人。你期望很多，但却得到很少。最终，你被他们俘获了。你邀请他们走进你的生活，却丝毫意识不到你正犯下的错误，直到他们将你榨干，消失在黑夜。留给你的，是一枚空空的钱包，以及一颗破碎的心。即使在那时，你还在纳闷：是他们的问题？还是我自身的问题？

是他们的问题，是这些情感勒索者的问题。

[①] 德古拉伯爵是罗马尼亚的民族英雄，被其敌人虚构为嗜血成性的吸血鬼。——译者注

第1章　夜幕下的孩子：情感勒索者

你知道他们吗？在你的生活中，你感受过他们的黑暗能量吗？

你是否遇到过这样的人，他们最初看起来似乎完美无缺，但是后来却变得无比糟糕？你是否曾被一个人突然迸发的无限魅力迷住了双眼，尽管他的魅力时有时无，像是忽明忽暗、廉价劣质的霓虹灯牌？你是否听到过有人在夜里悄声对你许下承诺，尽管未等黎明来临，承诺就被远抛脑后？

你被榨干过吗？

情感勒索者并不是黑夜中从棺材里爬出来的吸血鬼。他们和我们一样，就生活在大街小巷。他们可能是你的邻居，当面对你热忱友好，一转身就散布你的坏话。他们也可能是你的垒球队友，虽然是明星球员，然而一旦被裁判处罚就火冒三丈、破口大骂，令所有在场的人难堪不已。

情感勒索者也有可能潜伏在你的家庭内部。想想你的姐夫——那个连工作都没有的"人才"，还有那个你已经没什么印象，对你向来不管不顾的姊姊，由于患上奇怪的衰竭疾病迫使你去照顾她。更不用提那些对我们"关怀备至"的父母了，他们总是告诉你要善待自己，结果到头来却指望你去取悦他们，真是让人气不打一处来。

勒索者甚至可能是与你同床共枕的人。前一分钟还是恩爱的伴侣，然而一分钟后就变成了冷漠无情的陌生人。

他们真的是勒索者吗

情感勒索者并不是真正敲诈勒索的犯罪分子，这只是心理学上的一个别称。情感勒索者是那些具有心理学家所谓的人格障碍的人。在研究院，我学到了一种简单的辨别方法：如果一个人把自己逼疯，那就说明他的神经或精神有问题；而如果一个人把其他人逼疯，那就说明他患有人格障碍。根据美国精神病协会（American Psychiatric Association）的《精神疾病诊断与统计手册（第四版）》(The Diagnostic and Statistical Manual of Mental Disorders, DSM-4)，人格障碍是指：

某人的经历和行为模式持续明显偏离其所处文化的期望。这一模式可以表现在如下两个或多个方面：

1. 认知和诠释自己、他人及事件的方式；

2. 情绪反应的范围、强度、不稳定性及适宜性；
3. 人际功能；
4. 冲动控制。

该手册中描述了 11 种不同人格障碍的思维与行为诊断模式。我们将分析其中五种最有可能给你日常生活带来麻烦的人格障碍。这五种人格障碍类型分别是：反社会型、表演型、自恋型、强迫型以及偏执型。我之所以选择这五种，是因为它们在人群中最常见。在生活中，你极有可能遇见有那么一点点自恋或者表演型人格的人，相比之下，遇见稍微有边缘型人格或者分裂型人格的人的可能性则小得多。

我选择这五种类型的主要原因是，尽管它们是病理性的，而且还会榨取消耗他人的能量，但是这五种人格障碍却有着十分吸引人的特点。我从事心理学工作已四十余年，多次目睹了这五种人格障碍自始至终、持续不断地给很多人造成了困扰，不管是工作还是生活。

本书讨论的大部分情感勒索者的心理都称不上严重异常，因此还不会被正式诊断为人格障碍。然而，他们思考和行为的方式仍符合 DSM 所描述的类型。我们可以将这些类型看作难相处之人的名录——囊括了从严重到需要住院就医到处于极度压力之下才会爆发的足够温和的人。在心理学的范畴里，一切都是具有连续性的。

以上所有类型都基于这样一个事实，那就是情感勒索者与其他人看待世界的方式不同。他们对不切实际、难以实现的目标的极度渴望，导致了他们的观念被扭曲。他们想让所有人的全部目光都聚焦在自己身上。他们期望别人给予他们不求回报、完美无私的爱。他们希望生活充满乐趣与惊喜，所有无聊或者困难的事情都留给其他人处理。表面看起来，勒索者像是成年人，然而实际上，他们内心还是个孩子。

情感勒索者并不是身披夜行衣偷偷摸摸，伺机坑蒙拐骗的犯罪分子。通常情况下，本书中提到的难以相处的人是无法辨别的，无论从体貌上还是从心理上，他们与其他人都没有什么两样。勒索者不成熟的脾性通常只会在其感到威胁的情况下才显现。在其他时候，他们的一举一动就像其他有责任感的成年人一样。话虽如此，我仍需要指出的是，勒索者易于感受到常人感受不到的威胁，就像犯罪分子一见到警察、警车就会退缩一样。但同时，情感勒索者在成年人常见的问题面前也会受到不同程度的威胁，比如，他们也会感到无聊、焦虑，觉得自己责任重大，害怕付出得不到回报。在本章之后的部分，我们将详细探讨情感勒索者的行事作风以及其在人格方面有哪些与常人不同的细微差异，使他们散发着危险的魅力。

情感勒索者最容易依据其人格特征进行分类，因为他们的思维与行为模式与人格障碍最为接近。每种勒索者类型都由一种不成熟且不切实际的欲望驱使，而这种欲望对于勒索者而言是全世界最为重要的。勒索者通常不会意识到驱使他们自身的这些幼稚的欲望，因此你更应该去意识到这一点。

反社会型勒索者

反社会型勒索者追求的是刺激。之所以说他们反社会，并不是因为他们不喜欢社交，而是因为他们根本不懂得社交规则。这些勒索者酷爱交际，也热衷于性爱、毒品、摇滚乐及其他一切刺激的事。他们最讨厌的就是无聊。他们对生活的全部追求就是纵享时光，找点乐子以及即时满足所有的需要。

在所有勒索者中，反社会型勒索者是最性感、最令人兴奋，也是相处起来最有趣的人。人们很快就会接受他们，同时也希望被他们接受。虽然除了一时的乐趣之外，这些勒索者也没什么可以提供给人们了。但是，啊，想想那些激动的时刻！和所有类型的勒索者一样，反社会型勒索者会让你进退两难，就好比在满大街的丰田汽车中，他们是法拉利跑车，为速度和激情而生。然而，如果你指望他们可靠，那你就很有可能要失望了。

"亲爱的，怎么了？"勒索者亚当问道。

伊利斯不由得张大了嘴巴。"亚当，我简直不能相信你能问我这个。你认为我能接受你当着我的面亲吻别的女人吗？"

亚当一只胳膊搂住伊利斯的肩膀，她甩开了。

"亲爱的，"亚当说道，"这不是聚会嘛，我当时也喝醉了。无论如何，这不过是匆匆一吻而已。"

"匆匆地吻了五分钟？"

"宝贝儿，这又不代表什么。你才是我的唯一，我唯一爱的人。别这样嘛，亲爱的，相信我。"

如果没有反社会型勒索者，就没有乡村和西部音乐。如果你认为只有天真的浪漫主义者才会受到他们魅力的影响，那你一定是没有看到他们在面试或者推销产品时的表现。防范他们最好的方法就是在他们施展魅力之前看清他们。当你看到他们向你走来时，捂住胸口，藏好钱包，直到确认他们走开为止。他们在过去做过的事是他们在未来可能做什么事的最好参照。

表演型勒索者

表演型勒索者活着就是为了吸引注意，获得认可。出风头是他们的专长，其他细节都不重要。他们经常出没在人们工作和生活的周围，但是请小心。表演就意味着"演戏"。你眼前所见的都是作秀，绝非你想要的。

就像坏人都会伪装友善一样，表演型勒索者十分擅长隐藏他们的动机。他们表面上绝不做不可接受的事情，比如犯错误或者对他人有成见。他们是只会帮助他人的友好的人。如果你质疑这一点，那你就有可能遭殃。友好的人能做出多少可怕的事情是你想象不到的。

勒索者琳恩打电话给她的朋友梅丽莎。"我刚才正在与帕蒂聊天来着，她说她不打算参加女生们的周末聚会了。"

"为什么呢？"

"她和你有过节。也许你应该和她谈谈。"

"有什么过节呢？"

"噢，她说你是个控制狂，如果不是事事顺心的话，你就沮丧个没完。"

假如你去问琳恩，为什么跟她朋友说另一个朋友的坏话，她会解释道，她这么做只是为了帮助她们两个和好。有一点需要了解的是，对于琳恩和其他像她这样的表演型勒索者来说，她们不是在说谎，至少不是对你说谎。这些表演型勒索者只是在愚弄他们自身，愚弄其他人仅仅是无心之举罢了。尽管琳恩看起来好像很喜欢挑起争端，但是她认为自己是一个温柔可爱、乐于助人的人，然而却总是被别人指责做事欠考虑。你也没有办法去改变她对自己的印象。如果你指责她总是故意引起麻烦，那你可有的受了，到最后也许你的下场比她还要糟糕。

要学会保护好自己，你不想发布在Facebook上的事，就千万不要告诉像琳恩这样的情感勒索者。

你也无须试图让他们承认其真正的动机。相反，你倒是可以充分利用他们爱表演的特点，设计一个危害性小一些的角色让他们扮演。表演型勒索者那几章将会讲解具体办法。多一点点创造力，你可能就不至于被其"帮助"致死。

自恋型勒索者

你注意过吗？那些特别自大的人在其他方面都十分弱小？自恋型勒索者想要的就是浮夸地在他们的幻想中生活，在他们的世界里，他们是最聪明、最有天赋、最全面发展的人才。他们并不认为自己比其他人有多好，因为他们根本不跟其他人比。

自恋的人在他们自己心目中是神一般的存在。当然，你也别指望他们按照我们凡人的规则行事。

CEO 路易斯正在与他的管理团队讲话。"我不想称其为裁员，"他说道，"我更喜欢称之为合适的调整。你们所有人，不得认为我这种做法对于当今的市场环境是行不通的。"他停下来，留给大家时间思考一下他的话。"所以，我很沉重地宣布，你们所有人需提交一份预算，要比目前的消费标准降 25 个百分点。目前没有其他可行的办法了。鉴于大家是一个整体，为了发扬团队精神，预算调整需贯穿到每个部门。"

勒索者路易斯的管理团队不知道的是，在这之前，路易斯去找了公司董事会，说他在"艰难的时刻"引领公司砥砺前行。路易斯得到了加薪。他增加的薪水抵销了削减开支那部分的 10%。

自恋型勒索者为我们呈现了一个进退两难的处境。尽管大多数自恋狂都是平凡人，但是想要获得非凡成就还真离不开自恋。没有这些自恋型勒索者，就不会有敢作敢为的引领者了。

不论他们说什么，自恋的人很少做不为自己谋私利的事。只要你能把你的利益与他们的利益联系在一起，他们将会认为你几乎和他们一样非凡。

自恋的人需要获胜。如果你不能战胜他们，就不要轻易和他们竞争。即便战胜了他们，也需要提高警惕。众所周知，他们能卷土重来，寻求复仇。你最好学会如何在不屈尊的前提下，给予他们所需要的奉承。

强迫型勒索者

这一类型的勒索者追求绝对的安全感，他们坚信，只要他们对细节一丝不苟，对一切事物完全掌控，就能获得安全感。你也许知道他们都是什么人：由于树木过于繁杂茂盛而看不见森林的肛门克制型的人们。但是你不知道的是，所有对细节的关注都是为了让他们体内的反社会型勒索者不出来作怪。

如果没有强迫型勒索者，这个世界上所有困难以及费力不讨好的事情都做不成，一切事物也不会按照现在的模式运作，我们也永远不会有人做家务。不论好坏，强迫型勒索者是唯一可以监督其他人，使其不会偏离正轨太远的人。我们也许不喜欢他们，但是我们确实需要他们。

对强迫型勒索者来说，最重要的冲突发生在内部。他们根本不想伤害他人，但是如果你的行为触碰到了他们紧绷的神经，那么他们肯定会伤害你。如果惊到他们，即便是惊喜不是惊吓，他们也会感到毛骨悚然。他们并不打算报复，但是肯定会表示抗议。

"你瞧！"勒索者莎拉走进前门时，凯文说道，"好几个月过去了，我终于把客厅装饰一新！"

"看起来真不错，只不过……"

"只不过什么？"

"就是，哦，我觉得我们之前还没有选定哪种颜色啊。"

对于强迫型勒索者来说，世间最漫长的等待就是等他们说一句赞美的话，哪怕只有一个字。其次才是等他们做出决定。完美主义、控制狂、对细节的专注这些都是强迫型勒索者们以"美德"包装的"恶习"。他们生来就会将过程和成果搞乱，将法律条文和法的精神混淆。在这些勒索者面前保护自己的最好方法就是着眼于大的格局，不要与他们一样过分沉迷于细节中。

偏执型勒索者

按照一般说法，偏执狂总认为有人在针对他。从表面上看，人们几乎想象不到被迫害的妄想有任何吸引人的地方。偏执狂的魅力不在于他们的恐惧心理，而在于恐惧背后的东西。偏执看起来像一种超自然的想法，使得这些偏执型勒索者能够看见其他人看不见的东西。他们的目的就是去了解真相，以消除生活中所有的不确定。

偏执狂百分之百遵守他们信奉的规矩，这些规矩如同石碑上的雕刻一般刻在他们的心上。他们也期望所有人能和他们一样遵守规矩。他们时常会注意他人有没有离经叛道的行为，而且经常会发现。这一类型的勒索者倒有点像警察。通常情况下，你是安全无恙的，除非你变成他们眼中的嫌疑人。

勒索者贾马尔慢慢悠悠地走进了厨房，用纸巾擦着双手。"我刚刚帮你加了油，我注意到你的油箱已经快空了。"

特蕾莎耸了耸肩,"那又怎样?"

"我周六刚刚加满的。"

"哦,好吧,我上周一直在开车来着。"

贾马尔扔掉了纸巾,说道:"这挺有趣的,你知道吗?我并不记得你一周内用过一整箱汽油。你的车一升能跑个 35 英里①吧?所以,那可是 450 英里。"

特蕾莎笑了笑,耸了耸肩。"这周太忙了。"

贾马尔双眼直视着特蕾莎的眼睛:"说,你去哪儿了?"

偏执狂唯一看不见的就是,他们的行为是很多人所追求效仿的。

偏执狂能够看见事情表面之下隐藏的含义和更为深入的现实。大多数伟大的道德家、空想家以及理论家(再加上所有称职的治疗家)的身上都有一点偏执的影子,否则他们将会全盘接受所有事物的表面价值。然而,遗憾的是,偏执狂辨别不出物理学中看不见的力的相互作用的理论与想要统治世界的狂徒的歪理邪说之间有什么区别。同一个动机,既引领了时代伟大的宗教真理,又孕育了一批狂热的反对者。

但凡你有什么需要隐藏的,偏执狂都将会找到。所以,你保护自己的唯一方式就是老老实实地说实话。而且,只说一次,千万别等着被人盘问。说着容易,做起来难。本书中后面讲解偏执型勒索者的那些章节将会告诉你具体的办法。

---

① 1 英里 ≈ 1.609344 千米。——译者注

EMOTIONAL VAMPIRES

第 2 章
如果情感勒索者是孩子，如何才能使他们成熟起来呢

迄今为止，我们是把成熟和心理健康划等号的。它们都是由以下三个基本态度构成的。

掌控感

为了保持心理健康，我们一定要相信，我们的所作所为会或多或少影响发生在我们身上的事。即便"掌控命运"听起来像是妄想，但是比起"我们的所作所为不会对发生在我们身上的事产生任何影响"这一想法来说，这一信念经常会引起更有创造力的举动。

凭借经验和反思，我们的选择变得更好，从而愈加坚信我们能掌控命运。这是成长给我们的重要馈赠。

情感勒索者永远长不大。在他们的一生中，他们总是在抱怨自己的命不好，是其他人的绊脚石，遇到难题也都是消极应对。其结果就是，他们没能够从他们的错误中学到教训，于是就这样反复犯着同样的错误。

联系感

人类是社会性动物，我们只有与他人交往，才能形成完整的人格。正是人与人之间的交往和责任赋予了我们生命意义。

长大成人的过程意味着我们需要学会遵守社会规则，这是现实，我们中的大多数都会不假思索地去遵守。

- **其他人和我一样。** 普通人在长大的过程中，开始欣赏并庆幸自己与其他人有越来越多的共同点。所谓成熟就是拥有同理心。勒索者们就是不能接受这一点。对他们而言，其他人是用来满足他们的需要的。
- **公平原则。** 社会制度是建立在互惠互利的基础之上的，无论是搓澡还是交心皆如此。成年人逐渐培养出公平感，并用其作为检验自己行为的标尺。勒索者们不这样，他们对公平的理解就是当他们想要什么的时候，就能得到什么。
- **付出与回报对等。** 成年人都明白，你给予的越多，就收获的越多。而勒索者们只要回报，从不付出。
- **其他人有权拒绝我。** 人际关系依赖于一条清晰的界限，把"你的""我的"划分开来。罗伯特·弗罗斯特（Robert Frost）[1]讲得好："有了好篱笆，才有好邻居。"勒索者们看不出这一十分重要的界线。他们认为，想要什么，就要立即得到什么，不用管其他人的感受。

人们相信彼此能遵守这些基本规则，但是勒索者们背叛了他们的信任。

与其他人缺少联系也是造成勒索者们内部创伤的一个原因。如果你的心里没有他人，只有自己的需求，那么宇宙就会成为一个冰冷而又空旷的地方。

追求挑战

成长就意味着做一些困难的事。如果没有挑战，我们的生活就会坍缩为安全但无趣的状态。挑战的形式多样，大小有别。其中对我们最有价值的就是那些迫使我们直面恐惧、克服困难、拓宽眼界的挑战。在这一点上，勒索者们有的时候会比我们强。虽然他们确实是麻烦制造者，但他们也可以是艺术家、英雄和领导者。正是由于他们不够成熟，他们才能做我们做不到的事。黑暗的力量经常游离于创造力和伟大创举的边缘。

为了有效地与勒索者们打交道，我们必须打开我们的思路，并采取非常规举措。有的时候，也许会很可怕，但是直面恐惧也是让我们成长的一种挑战。

---

[1] 罗伯特·弗罗斯特（1874—1963）：最受人们喜爱的美国诗人之一，代表作品有《林间空地》《未选择的路》《雪夜林边小驻》。——译者注

是什么使人们变成了情感勒索者

心理学界关于情感勒索者的成因也是众说纷纭。目前，最流行的说法涉及大脑化学物质不平衡、早期的精神创伤，或是在功能失调的家庭中长大所带来的长期影响。

暂且别管这些理论了，在你试图了解勒索者的路上，这些理论也许对你造成的伤害远大于帮助。理由有两点：第一，去了解问题的来源与解决问题的方法是两回事；第二，情感勒索者经常视自己为无辜的受害者，因为他们受到了不可抗力量的影响。如果你也是这样看待他们的，那么他们的过去会使你无法集中思考，从而无法正确看待你和他们做出的选择。

许多自助类书籍都有很长的篇幅介绍难以相处的人是如何变成那样的。本书却与之不同。多年的心理治疗工作使我逐渐意识到，理解人类问题的心理机制（即它们是如何运行的，应该如何解决）比起猜测病因要重要得多。

幼稚 VS 邪恶

情感勒索者并不是天生就邪恶。但是，由于思想不成熟，他们意识不到自身行为的好坏。他们将其他人视为可以满足他们需求的潜在资源，而不是有着自身需求和情感的人。他们本身不邪恶，但是他们这种扭曲的观念很容易产生邪恶。

写这本书的目的并不是去谈论情感勒索者的道德水平，而是教你如何能在日常生活中识别出他们，并给你提供一些对付这些黑暗力量的建议和想法。

了解情感勒索者的幼稚是你的终极武器。其实如果将他们的大多数匪夷所思的行为当成两岁孩童做的，那就能够解释得通了。不要管他们的实际年龄或者应承担的责任，他们就是两岁的孩童，至少他们表现得如此。应对情感勒索者们最有效的策略和你对付熊孩子的方法完全一样——设立规则让其明白什么该做，什么不该做，小事灵活对待，处理问题前后一致，尽量少说教，忽视不好的行为、奖励好的行为，以及偶尔将他们隔离处分，让其"闭门思过"。

你可能之前就了解这些方法，但是也许你并不知道它们也适用于成年人。或者，也许你曾以为你不必对成年人运用这些方法。但是，你是需要用的，至少如果你想避免被勒索，就更应该用。勒索者们已经够难应付了，所以如果你仅仅因为这些方法是针对孩子们使用的，就弃之不用，那就是你自己的不对了。

第 2 章　如果情感勒索者是孩子，如何才能使他们成熟起来呢

"所有人" VS "没有人"

无论诊断类型如何进行划分，人类都无法完美地被诊断归类。在你深入阅读本书时，你也许会发现，你认识的所有人包括你自己身上，都或多或少能找到一种或多种类型的勒索者的影子，但是没有人全都有。绝大多数难以相处的人都具有两种或两种以上的勒索者的特征。你也很有可能发现整本书都充斥着你盛气凌人的老板或者你目空一切的高冷前任的影子。你可以随意运用你认为最为合适的策略，不用在意他们出现在哪一章节。许多策略都会在前面章节进行介绍，并在后面部分进行提炼改善。从开始一直读到结尾的效果会更好，因为当你逐渐读到后面时，会发现更为复杂的勒索者类型，同时也会有更多策略供你选择。

我就是这样的，该怎么办

如果你看到了自己的影子，振作起来，这是一个很好的开始。我们所有人都有朝着人格障碍发展的一些倾向，你能意识到这个问题，总比全然不知的好。每一章的结尾部分都会描述针对不同类型的勒索者的治疗方法。这些治疗方法将会助你解决你自身或者你生活中遇见的勒索者的问题，或者能帮助你选择适合的心理咨询师和治疗方法。

情感勒索者们总是倾向于选择那些使他们恶化而不是好转的治疗方法。像两岁孩童一样，肆意发脾气的勒索者，上帝也不敢劝他们要学会合理宣泄情绪。当然，这些关于治疗的观点都是我本人的，肯定不是所有心理学家都赞成的。没有什么观点是所有心理学家都赞成的。我坚信情感勒索者能够长大，变成健康的人类，但是他们自己也需要付出艰苦卓绝的努力，你们也一样。

我希望这本书能对你有帮助，无论是对工作还是生活，或者其他方面。除此之外，如果你在阅读的时候能不时咧嘴笑一下，我也会备感欣慰。如果我再奢求一点，那就是希望人们之间会随着相互理解的加深，提升彼此的心理健康。

EMOTIONAL VAMPIRES
第3章
情感勒索者的特点

在之前的章节，我将情感勒索者定义为有着各种各样人格障碍倾向的人。一些读者也许会问，为什么我一直用"勒索者"这样的形象来描述他们呢？我们礼貌些说，这些人是病态的。那为什么不用临床术语来描述他们，然后给出解决建议呢？

相信我，事情并不是那么简单。

临床心理学披着科学的外衣，但是在这一外表下，可以说它仍然是一门艺术。当我们谈论心理疾病，尤其是人格障碍时，我们并没有从传统意义上讨论疾病。你知道有多少伟大的艺术家、成功的企业家、顶级的推销员是由人格障碍催生的？读完整本书，我们将会发现，人格的种种障碍催生了各种各样的行为，一些极具毁灭性，还有一些则十分正向积极。说情感勒索者是病态的，就没法解释他们的成功，也说不通他们对其他人所产生的影响力。

如果他们没有病，我们又怎样定义这些人呢？我曾经认为他们幼稚，这么讲现在看起来倒也算准确，但是这种叫法并没有突出他们的本质。情感勒索者并不是孩子，尽管他们的一些性格无疑是不成熟的。他们也许是你的父母、你的老板，甚至是政府官员，所以人们很难将他们当成小孩。我们还是会把他们当成成年人来看待，无论他们是否真正匹配这一身份。

不管是对住院治疗的勒索者，还是对生活中的勒索者，人们都很容易在高估他们的同时，又低估了他们。当他们做一些愚蠢的事时，我们很容易看出他们的不成熟，或者认为他们有病。但是，当他们引诱其他正常、聪明的人做出蠢事时，我们就很难想象他们的性格中有什么缺陷，能够带来如此邪恶、有害的力量。

用"勒索者"来打比方，是因为他们能够在不知不觉中走近你，吸引你并榨干你的生命力，这样说会让你更容易看到他们的强项和弱点，帮助你意识到这些人不只是像其他讨厌鬼那么简单。

勒索者是异类

这是问题的关键。在电影或小说中，或者是在你的日常生活中，你能够犯下的最为危险的错误，就是相信在勒索者的外表之下，他们不过是普通人，和自己没什么两样。如果你经常假设如果自己做出了与勒索者们一样的言行，会是什么感受，从而试图解释他们的所作所为，那你就大错特错了。你最终也会被榨干。

在之前的章节中，我列出了一些大多数我们不经思考就会遵守的社会规则。而勒索者们则有着完全不同的规则。下面是勒索者们遵守的一些规则。好好研究一下，你才不至于被蒙蔽双眼。

我的需求远比你们的重要

勒索者们与猎食者和小孩子一样自私。不论他们说些什么，他们的所作所为都是由他们当下的欲望所驱使的，而不是什么道德或是哲学准则。我们在后面的章节也会看到，如果你明白了什么是当下的需求，你就了解了勒索者。

如果你的需求与他们的一致，那么情感勒索者们就能够成为你勤奋努力的下属、关怀体贴的同事、完美无缺的好伴侣。这就是为什么本书中大多数讨厌的人在绝大多数情况下看起来都相对正常。然而，当你的需求与他们的相冲突时，一切都会改变。他们的匕首就会亮出来。

规则是给别人定的，而不是我

这个想法的术语叫作权力感，这是情感勒索者们最令人咬牙切齿的特征之一。无论是在工作中，在大街上，还是在恋爱关系中或是其他方面，大多数人都遵守公平的基本原则，这是他们在幼儿园就学会的。他们懂得礼让，知道要排队，要做值日，在其他人讲话的时候要认真倾听。而情感勒索者们在幼儿园学会的则是，如果不遵循其他人遵循的规则，那占点便宜是多么容易。

从来都不是我的错

勒索者们从来不会犯错，他们永远是对的。他们的动机也永远是纯洁的，其他人总是无端地故意找碴。勒索者们从不对自己的行为负责，尤其是当行为产生负面的影响时。

我现在就要

勒索者们等不了。他们想要什么，就必须立即得到。如果你妨碍了他们，他们就会咆哮着要"撕票"。

如果不按我说的做，我就大发雷霆

情感勒索者们已经将他们的乱发脾气提升到了一种艺术的高度。如果他们不能得逞的话，他们就会给那些使其受挫的人制造一系列麻烦。我们在后面的章节中会看到，每种类型的勒索者都有自己擅长的爆发情绪的方式。当你看清他们的暴脾气时，他们做的那些出格的事就不难理解了。

情感勒索者们看起来也许是普通人，或者他们看起来比普通人还要好些，但是千万别被蒙蔽了。他们首先，也是最重要的一点，是另类的。如果你不想被勒索，就必须经常提醒自己注意这些不同点是什么。

勒索者正在榨干我们

情感勒索者们会利用你来满足他们即时的需求。他们会毫不犹豫地抢走你的努力成果、金钱、爱、注意力、赞美，甚至你的身体和灵魂，来满足他们无止境的欲望。他们想要什么就要什么，根本不在乎你的感受。如果你认为他们是故意伤害你而对他们生气，那这种误会将给你带来新的灾难：他们会认为自己被你欺负了，接下来你必然会变成他们的目标。

勒索者们会挑选那些不加怀疑、认为每个人都在遵守同一套社会规则的人下手。

勒索者詹妮弗在早上九点打来了电话。很明显，她十分沮丧。

"桑迪，你一定要帮帮我。今天幼儿园关门了，我必须去上一会儿班。你能帮我照看下我的孩子吗？我付给你钱。"

"你不用给我钱，"桑迪说，"把孩子们接过来吧。"詹妮弗的孩子们特别淘气难管，但是毕竟只看一会儿，而且几周前桑迪去看牙医时，詹妮弗也帮忙照看过她的孩子。

和大多数普通人一样，桑迪相信要帮助需要帮忙的朋友。她也相信互惠，也就是她觉得自己有义务去还詹妮弗的人情。她认为詹妮弗在请她帮一个类似程度的忙。

但是，下午三点，桑迪给詹妮弗发了三次短信，并留了两条语音留言，但一直得不到回复。

晚上七点，詹妮弗终于出现了。

"你这是去哪儿了啊？"桑迪的语气明显有着不满和愤怒。"我又是给你打电话，又是给你发短信……"

"不好意思啊，有时候我的手机不好用。"

"但是你说就一会儿，而且……"

"突然有急事，我们没办法，只好到这么晚，懂吗？这有什么可生气的，又不是我之前没照看过你家孩子。"

桑迪想提醒詹妮弗的是，詹妮弗就照看过一次她的孩子，而且就一个半小时。她想问詹妮弗为什么不回电话或短信，但是詹妮弗已经看起来脸色不好、气喘吁吁了。墨尔乐红葡萄酒的口气出卖了她，看来她所谓的急事原来是在酒吧狂欢。

桑迪不想吵架，所以她什么都没说。

除了不顾社会规则之外，所有情感勒索者的手机似乎都不太管用。

抛开电子设备不谈，这个小插曲描述了人们被勒索的最常见的方式。你期望着勒索者们遵守规则，当他们不遵守而你又表达一些意见后，突然，你就变成坏人了。

保护你自己最好的方法就是提前知道勒索者们的思考和行为方式。

我们假设，詹妮弗从来没有勒索过桑迪。有哪些可以识别她的方法吗？有一些潜在的线索。

第一，在情绪比较强烈的时候，一切皆有可能发生。桑迪当时可能感到不好拒绝，就立马答应了，并没有充分考虑。勒索者们最擅长利用情绪达到目的。在下一章节，当我们讲表演型勒索者时，我们将会看到他们是如何通过无理取闹、小题大做而引你上钩的。

第二，说到了费用。朋友间是不会因为照看小孩而收费的。如果桑迪拒收费用，那她会自然而然地说她会照看孩子，而且还不收费。

第三，詹妮弗并没有说具体。对于普通人来说，"一会儿"顶多意味着一两个小时。但对于詹妮弗这样的勒索者来说，这意味着她需要多久就是多久。当与勒索者们相处时，永远不要在不知道条款的情况下直接签合同。普通人也有可能不精准，但是如果你让他们说得具体一些的时候，几乎没人会拒绝。但是，勒索者们会继续让它模糊不清。

第四，当情感勒索者们提出帮助你或者是给你一些东西时，他们经常会有隐秘的意图，毕竟醉翁之意不在酒。当你有所求，放松了警惕时，勒索者们是最为危险的。在别人眼中，你是需要帮助的朋友，而在勒索者眼里，你是它们的猎物。他们会借机索取远大于付出的回报。千万不要给他们亮出匕首捕获你的机会。

第五，要记住一点，勒索者们最喜欢的猎物就是那些不好意思拒绝的人。如果你属于这类人，请养成一个习惯，就是永远不要立刻回答。一定要记得留出时间思考，即便你只说"我五分钟之后回电话给你"。普通人会理解并给你时间，而勒索者们则会迫使你立刻做出回答。如果他们这样做，那么你就应该直接拒绝。为了避免被当成猎物，在你需要勇气的同时，还需要掌握这些知识。

勒索者们在镜子前看不见自己

如果你想判断一个人是不是吸血鬼，举起一面镜子，看是否有映像。同样，如果你想判断一个人是否是情感勒索者，那你不妨拿起这本描述勒索者类型的书，让他看看是否有与自己相像的地方。也许，勒索者会告诉你，什么都没有。夜行的吸血鬼们没有映像，情感勒索者没有自知之明。

尽管你无数次向勒索者们描述他们自己，但是他们仍然不认为自己是那样的人。你可以将本书中十分符合他们的地方拿给他们看，他们会认为写的是你。或者更糟的是，他们会告诉你，通过我天才的分类，他们终于明白了自己，并且在承认的同时，还开始做出改变。我倒是相信这本书有这么棒，但我不相信那些勒索者。

情感勒索者们能够认识自我，也能真正做出改变，但是需要长达数年的努力，他们不可能在不明不白的混沌状态下顿悟。如果你坚信自己看到了勒索者们开悟的眼神，那么你很有可能就要倒霉了。

勒索者们在黑暗中胆子更大

就像埋伏街角准备伺机抢劫的强盗一样，情感勒索者则是潜伏在人性的阴暗面。

正常人会为自己的幼稚而感到羞愧，而情感勒索者则完全不会，他们真的是毫无羞耻心。

与苏珊讨论到一半，勒索者克里夫突然将车停靠在高速路的路边。"够了！"他边开车门边说，"如果你是这么想的，那你甭管我，走吧。"他走出车外，开始沿着窄窄的路间隔离带走了。

苏珊从副驾驶座位挪到了驾驶座位。生气、受伤、害怕涌向脑海。在其他车辆以咫尺距离驶过克里夫时，坐在后座的孩子们开始哭了起来。

苏珊不禁长叹一口气，她打开了车上的双闪，换挡减速，缓缓停在了克里夫的身后，并示意他快点坐回车里。

是个心理学家都会告诉你，任何一个获得奖励的行为在今后都会更加频繁地发生。苏珊的让步屈服，实际上是在奖励克里夫的混蛋行为，但是她又能如何呢？跟强盗打交道，她没办法赢，因为她脑海中的天使不允许她将丈夫置于危险之下。

保护自己免受勒索者伤害

应对情感勒索者需要大量精力。他们也许值得你这么做，也许不值得，只有你能够决定。有时候，最好的办法还是躲开，或者在起初就别趟这滩浑水。我希望这本书能够帮助你选择最好的办法来面对日常生活中的勒索者。本书的每个章节都提供了与之斗争和保护自我的建议和策略。

EMOTIONAL VAMPIRES

Dealing with People Who Drain You Dry

── Second Edition ──

第 2 部分

反社会型勒索者

第 4 章
可爱的无赖：反社会型勒索者

反社会型勒索者是勒索者中最单纯，但同时也是最危险的。他们对生活的全部追求就是纵享时光，找点乐子以及所有需求都能得到即刻满足。如果你可以用来达到他们的这些目的，那么他们就会表现得非常有趣、迷人、有魅力。但是如果你妨碍了他们，那你就死定了。和所有的勒索者一样，反社会型勒索者也不成熟。他们表现得好的时候，充其量相当于十三四岁的青少年。而表现糟糕的时候，他们甚至能抢小孩的钱（回想起来，青少年也确实会这么做）。

准确地说，我们谈论的是那些有着发展成反社会型人格障碍倾向的人。我们所说的反社会，是指不适应社会的，或者说是不遵守正常的社会规则的。这个名字不太准确。就像早期的名字"反社会者"一样，听起来更像是道德评判，而不是人格描述。一百多年前，这一诊断类型是被当作罪犯的人格类型来阐述的。这倒不无道理，在所有类型的情感勒索者中，反社会型勒索者是最有可能出现违法行为的。

我们在接下来的章节中将会看到，违法行为仅仅是反社会型勒索者的一个侧面，如果你每天都接触到他们，你更会觉得如此。人格障碍是一个连续体，在这个连续体的一端是犯罪分子，在另一端则是善于冒险、有激情、刚刚成年的年轻人，痴迷于性爱、毒品和摇滚乐。

"反社会型"这个名字导致的另一个问题是，"反社会"的英语单词（antisocial）在口语中还有"不爱交际"的意思，容易让人误会这些人不喜欢聚会，而事实绝非如此。他们喜欢扎到人群中，也喜欢找各种机会去参加聚会。哪里好玩有乐子，你就能在哪里找到反社会型勒索者。

然而，从另一个层面讲，反社会型勒索者又是孤独的。他们很难做出任何类型的承诺，因为他们并不会真心相信别人。他们确信，人类的唯一动机就是利己主义。他们是彻底的强盗，但他们也为此感到骄傲。他们很认同自己的自私，因为在他们眼里，人类不存在任何其他形式的动机。

反社会型勒索者经常看起来出乎寻常地有魅力，也特别有趣。跟普通人相比，他们的精力更加充沛，更热衷于追求刺激和享乐，同时又无忧无虑，似乎没有什么值得他们焦虑的。每个人都有过一两次这样的感觉。想想毕业舞会的夜晚，你盛装入场，空气中氤氲着康乃馨和红酒混杂的清香。而假如你每一天的生活都充斥着这些，会有什么后果？假如从来都没有人提醒你"别太过火，可能会遇到麻烦"，又会有什么后果？与整日的花天酒地相比，平日里的工作恐怕很难让你感到满腔热情。

要法拉利跑车，还是丰田汽车

在你一生中，许多社交活动就像给你生活中遇到的人——你的朋友、情人、同事、甚至是仇人进行面试，分配不同的职位一样。如果你将生活当成你的公司，要登广告招聘与你共事的职员，这将会是什么样的广告呢？下面这则广告，是我从许多招聘广告中整合出来的，我相信汇集了许多公司对理想职员的幻想：

我们需要有活力、有热情的人。我们在寻找能独当一面的人，不用领导吩咐就知道做什么。我们在寻找有企业家精神的人，迅速、果断、灵活、并有创新思维。我们在寻找有良好的社交技能，同时也要懂得政治的人。如果你能化险为夷，扭转颓势，将挫败转为机遇，并以小风险获取大回报，欢迎你应聘。爱抱怨的人勿扰。

如果在你的脑海中浮现这样一个应聘者，他面带微笑站在你的前面，坚定有力地与你握手，那么这个人就是一个反社会型勒索者——就好比满大街跑的都是丰田车，而他是一辆法拉利跑车。

丰田汽车安全、实用，但是不够刺激。法拉利跑车有着惊人的马力，极其高昂的价格，在4S店里停放的数量要比路上跑着的都多。尽管如此，当我们购买丰田汽车的时候，我们也会梦想一下法拉利跑车。

在入职几个月后，之前招聘来的员工表现评估可能看起来是这样的：

不可靠，有时候不诚实。不听指挥，固执地认为大多数规定是愚蠢的、限制人的，是需要打破的。很容易对日常工作感到无聊，经常偷工减料，许多重要的工作也没有完成。喜欢利用其他人，遇到不顺心的事情时经常发脾气。不能够做到提前计划，从错误中反思的能力也较弱。个人生活方面，正在办理离婚手续，财务也出现了问题，听说还有嗜酒、吸毒的问题。

关于反社会型勒索者，最重要的一点就是，招聘广告和评估结果代表着同一人格的两个侧面。勒索者的特征，不管正面的还是负面的，在特定群体里都是集于一身。本书有很多个案分析和心理测验，将会教你如何识别每种人格类型的特征。

也许这么说意义不大。尽管法拉利跑车并不实用，但人们还是想拥有它。那些拥有法拉利跑车的车主更是对他们的座驾爱惜有加，并认为他们做出的购买行为是理性的。资深法拉利车迷也会说服自己选择法拉利跑车还是丰田汽车的困境是不存在的，因为一个资深的技工就能解决法拉利车的问题。我知道这是事实，因为在我从事心理治疗工作的40多年中，人们带给我无数个"法拉利"让我修理。他们认为我能够去掉其坏的部分，留下好的部分。我告诉他们这是不可能的，但是大多数时候，他们都不相信。

在法拉利车和丰田车中做选择时，你选择哪个并不重要，只要你知道它们的区别就好。最容易被情感勒索者摧残的就是那些拥有着安全可靠的丰田车的同时，认为丰田车也可以达到法拉利跑车的速度和加速度的人。

如何识别反社会型勒索者

现在，我们来看第一个勒索者识别测验。我首先要承认的是，这个测验略显粗糙，因为它更多的是主观看法、印象以及价值判断，而不仅是客观的事实。这一测验的目的并不是为了做医疗诊断，而是为了帮助你识别榨取情感的人，以防你被榨干。你的第一道防线通常是你主观的印象——感觉事情有些不对。如果你对此表示怀疑，就不妨与其他人来检查一下你的直觉是否出了错。这是一个好主意，即使你百分之百确认，再试一下也不是坏事。

还记得第2章提到的准则吗？关于勒索者的这些特征，所有人都有一些，但是没有人全部都有。每个人都拥有自身的一系列特点，从而区别于其他人，但是其中，有些人与其他人相比更像情感勒索者。

第 4 章　可爱的无赖：反社会型勒索者

识别反社会型勒索者的心理测试：倾听野性的呼唤

是非题（每选一个"是"得 1 分）

1. 这个人坚信规则可以违反。　　　　　　　　　　　　　　□是　□否
2. 这个人善于找借口来逃避那些不想做的事。　　　　　　　□是　□否
3. 这个人曾经有犯罪前科。　　　　　　　　　　　　　　　□是　□否
4. 这个人为了寻求刺激，经常参加危险的活动。　　　　　　□是　□否
5. 这个人爱哗众取宠，自以为是。　　　　　　　　　　　　□是　□否
6. 这个人不太善于理财。　　　　　　　　　　　　　　　　□是　□否
7. 这个人毫无顾忌地当众吸烟。　　　　　　　　　　　　　□是　□否
8. 这个人对一件或多件事情成瘾。　　　　　　　　　　　　□是　□否
9. 这个人比大多数人拥有更多的性伴侣。　　　　　　　　　□是　□否
10. 这个人很少焦虑。　　　　　　　　　　　　　　　　　　□是　□否
11. 这个人认为有一些问题可以通过武力解决。　　　　　　□是　□否
12. 这个人认为，如果为了达到某一目的，撒谎也无妨。　　□是　□否
13. 这个人做坏事会以其他人也可能会这样做为由，为自己开脱。　□是　□否
14. 这个人为了得逞会故意发脾气。　　　　　　　　　　　□是　□否
15. 这个人不知道什么是三思而后行。　　　　　　　　　　□是　□否
16. 这个人坚信娱乐要排在工作之前。　　　　　　　　　　□是　□否
17. 这个人被解雇或是冲动之下裸辞了。　　　　　　　　　□是　□否
18. 这个人拒绝遵守任何形式的着装要求。　　　　　　　　□是　□否
19. 这个人经常做出一些自己不能兑现的承诺。　　　　　　□是　□否
20. 尽管有这些缺点，这个人仍然是我见过的最为有趣的人之一。　□是　□否

得分：选择"是"达到五个即可将该人定义为反社会型勒索者，但不能确定患有反社会型人格障碍。如果得分超过 10 分，你就要管好你的钱包，以及你的内心。

心理测试的内容

这个心理测试中涵盖的具体行为与反社会型情感勒索者具有的人格特征是高度相关的。

爱追求刺激

反社会型勒索者的核心特征就是寻求一切形式的刺激。所有其他的特征几乎都源自这种对刺激的追求。在选择的十字路口，他们通常会选择那些在最短的时间内获得最多的刺激的路。他们本身也许完全没有意识到，但是这却足以解释他们的许多行为。

从正面来看，反社会型勒索者并不会受阻于怀疑与担忧。他们会接受那些令普通人心惊胆战的风险与挑战。历史上很多探险行为、高风险的投资行为以及勇于自我挑战的例子，都发生在具有反社会型人格特征的人身上。有史以来，我们就喜欢这些人，惊叹于他们的探险经历，并设立纪念碑来铭记他们的名字，我们的生活离不开他们。但是，做这些英雄的朋友，比做他们的敌人还危险。

同样的内驱力，在战场上、在体育场内、在交易大厅里激发的是勇气，而在日常生活中带来的却是空虚寂寞。在反社会型勒索者的世界中，与零散分布的令人血脉偾张的火山相比，更多的还是沙漠般的沉寂与荒凉。在缺少激情的时光中，普通人会懂得延迟满足，并努力做好该做的事，而反社会型勒索者则如困兽般想方设法逃脱。那些为我们的生活建立秩序和意义的准则在他们眼中就是束缚他们的牢笼。反社会型勒索者不认为自己是制造麻烦的人，他们认为自己只是想找机会重获自由。然而，他们口中的自由，对其他人而言就是麻烦。

在追求刺激的过程中，反社会型勒索者会沉溺于一切能够令其上瘾的事物。性爱和毒品通常大受欢迎，赌博、刷信用卡，用其他人的钱来做风险投资等同样深受他们的喜爱。他们选择的成瘾方式也许不同，但是目的是一样的。本质上，所有的成瘾都是相似的，因为它们能够使神经化学递质迅速变化，而这正是反社会型勒索者追求的核心目的。

冲动

反社会型勒索者很少反思自己为什么这么做，只知道自己想那么做。对于他们而言，没有必要计划与考虑其他的事，那也是十分无聊的。在战场以及运动场上，他们能够成为耀眼的明星，因为他们从来没有忧虑和怀疑过那些会影响我们常人发挥的因素。

随着时间的推移，人们越来越发现，那些反社会型勒索者做决定就像投掷骰子一样。从内心来看，反社会型勒索者根本不认为他们是在做决定。对他们来说，生活就是一系列正在发生的事情产生的不可避免的后果。给他们提供他们想要的，他们就会很开心。如果让他们失望沮丧，他们就会发脾气。一旦感到无聊，他们就会惹是生非，还固执地认为他们的行为是由别人的所做所为引起的。这种观念可以让他们逃避责任和愧疚，当然，同时也会夺走他们对生活的掌控感——一种对心理健康极为重要的因素。忧虑和怀疑也许会影响我们正常发挥，但同时也为我们的生活注入了意义，使我们能好好活下去。

魅力

尽管他们会犯错，但是反社会型勒索者们还是很可爱的。你可能原以为这样的狂徒会让人们怀恨在心、避之不及，但事实上远非如此。心理不成熟是一切吸引力和魅力之源。勒索者们就是通过利用其他人来生存的。为了生存，他们必须要使出一切手段来说服你，让你相信他们恰好有你想要的东西。事实上，他们确实有你想要的东西，但并不是你什么时候想要，他们什么时候就有。

我们自身的不成熟，也会让我们说服自己，法拉利跑车和丰田汽车是同等实用的。说来也有趣，通常是我们人格中最混乱的部分来做出最重要的决定。

EMOTIONAL VAMPIRES

第 5 章
冒失鬼型勒索者：性感、刺激会损害你的健康

如果你喜欢兴奋和刺激，那么你一定会喜欢反社会型勒索者的行为表现。但你要小心，不要太迷恋这些冒失鬼型勒索者——他们会让人上瘾的。

这些冒失鬼型勒索者最突出的特点就是他们对刺激的沉迷，正如我们刚才所说，这是所有反社会型勒索者的核心动力。有的反社会型勒索者偏爱更加阴暗的刺激，比如，二手汽车推销员欺骗顾客，恶霸攻击他人。与之相比，他们纯粹是为了追求刺激而追求刺激，这使得他们成为反社会型勒索者中最被社会所接受的一种人，至少他们不会主动伤害你或者利用你。

生理兴奋

从生理意义上讲，兴奋只不过是大脑和身体的化学反应的快速变化，这些可以通过跳伞、狂野的性爱、炒股票、喝烈酒，或在购物网站上买东西来实现。虽然兴奋涉及的物质是荷尔蒙、内啡肽及其他神经递质，但在此我要说的是毒品。冒失鬼型勒索者们对于毒品有很强的倾向性。无论兴奋感的来源如何，他们中大多数人的首要目标都是在最短的时间内获得最大的刺激。

冒失鬼型勒索者几乎从不焦虑。他们根本不会在意任务的截止日期，或者违背诺言会给别人带来什么伤害。他们经常失业，靠花亲人们的钱生活，而且经常让他们伤心。日复一日的枯燥现实与令人心跳不已的幻想世界格格不入。毒品，无论是从毒品贩子那里购买，还是冒险从内分泌系统中提取，都会引发第二个问题：随着

第5章　冒失鬼型勒索者：性感、刺激会损害你的健康

时间的推移，耐受性增强，越来越多的药物带来的是越来越少的快感。冒失鬼型勒索者们渴求的巨大快感不可避免地耗尽了其大脑中少量维持日常平衡所需的化学物质。在夹杂着惊险刺激的广阔而枯燥的空间里，各种类型的反社会型勒索者都会感到沮丧、烦躁和空虚。

当冒失鬼型勒索者们感到无聊又沮丧时，他们渴望寻求一种能让不好的感觉立即消失的方式。当他们感觉还不错时，他们就会想要能让他们感觉更好的东西。反社会型勒索者比任何其他类型的勒索者都更容易滥用药物。他们不太可能坐在家里，看看电视喝喝酒。当他们极度兴奋时，就想出去做点什么。而这些事通常十分欠考虑，带有自我毁灭性，代价特别高。随着时间的推移和耐受度的提高，他们的生活变得越来越糟糕。

这时候，你出现了。除了玩伴之外，冒失鬼型勒索者通常还需要有人照顾他们，跟在他们身后收拾残局，并把他们拉回正轨。他们制造了这么多麻烦，但是并不知悔改，如果你相信你的爱和同情会让他们因为感激而改变自己，那你就注定要被榨干。守护者不会得到感激，他们的照料通常会让勒索者变得更糟。最有可能让一个正常人走向自我毁灭的，就是被夹在有人格障碍的人及其行为带来的后果之间，如同在高速公路中间跳舞，你一定会被车轮碾过去的。

尽管如此，当冒失鬼型勒索者生龙活虎的时候，旅途还是非常美好的。但既然你知道引擎盖下的东西是什么了，就必须做出选择：法拉利跑车还是丰田汽车？

冒失鬼型勒索者的催眠术

从医学或心理学的角度来看，无论你认为冒失鬼型勒索者的行事作风有多么不正常，他们都能给你带来一次狂野之旅，把你从平凡的世界拉进他们的欢乐和冒险之中。甚至不用怎么努力，他们就能成为高超的催眠师。他们带来的替代现实无比诱人——全是欢乐，无须负责。这一切总是从小事开始。

"喂，维杰。告诉你一条滑雪新闻。昨晚下了21英寸[①]厚的雪，我们说话这会儿还下着呢。如果我们今晚开车过去，明天就能避开早高峰。"

"布莱恩，明天是周五，我要上班。你能请假吗？"

突然，布莱恩的声音变得虚弱又嘶哑，好像喘不过来气儿。"最近流感盛行，我

[①] 1英寸≈2.54厘米。——译者注

感冒了，真的很难受。我今天早上试着起床，但就是起不来……"布莱恩的声音渐弱，并且开始微微咳嗽。

"天啊，你听起来像真生病了似的，你怎么做到的？"维杰问道。

布莱恩仍以虚弱的声音回答说："很简单，躺下，把你肺里的空气尽量呼出来，这样你说话的声音就像是要死了。你试试。"

维杰躺进椅子里，试着模仿布莱恩生病的说话声："我得了重感冒……"

"一点都不像，维杰。"

"现在呢，我听着像生病了不？"维杰一边咳嗽一边说话。

"相当像了。"布莱恩的笑声化为一阵很难受的咳嗽，最后成了呼哧呼哧的喘息声。

冒失鬼型勒索者很擅长发现那些爱追求刺激的人，尤其是爱拿反抗权威当乐子的人。作为催眠师，他们会和我们的内在小孩交谈，如果我们愿意冒险，他们就会向我们描述生活中所有可能发生的美好。他们将我们置于一种两难的境地：要么去做，要么错失良机，然后承认你没有那个胆。

偶尔请个病假去滑雪没什么问题，而冒失鬼的问题在于他们永远不会收手。他们真正的天赋技能是：拖你下水，并让你离岸越来越远。

女性冒失鬼型勒索者

我之前提到过，反社会型勒索者，尤其是冒失鬼，行为表现像个典型的男性青少年。但冒失鬼里也有女性，她们的行为非常像男性。你会发现她们骑摩托车，弹吉他，流连于各种酒吧，还像男人一样酒驾。

然而，女性版的冒失鬼还有一个著名的角色——交际花。交际花可不是妓女，自古以来，她们吸引强大而有创造力的男性，使他们意乱情迷，从而做出欠考虑的行动。如果没有如妮尔·格温（Nell Gwyn）[1]、蓬帕杜夫人（Madame de Pompadour）[2]以及莎乐美（Lou Andreas-Salomé）[3]这样的情人和女神以及数以千计的无名崇拜者，很难想象我们的历史、艺术、音乐和文学会变成什么样。

---

[1] 妮尔·格温是英国国王查尔斯二世在位期间的英国著名女演员，也是查尔斯二世的首席情人，英国历史上名媛。荷兰绘画大师彼得·莱利先后替她画了足足25幅肖像。——译者注
[2] 蓬帕杜夫人是法国皇帝路易十五著名的情妇、社交名媛。她曾经是一位铁腕女强人，凭借自己的才色，影响着路易十五的统治和法国的艺术。——译者注
[3] 莎乐美是《圣经》中记载的犹太国王希律大帝的儿子希律王和其兄弟腓力的妻子所生的女儿。据记载，她的美无与伦比，希律王愿意用半壁江山，换莎乐美一舞。——译者注

第5章　冒失鬼型勒索者：性感、刺激会损害你的健康

勒索者们如何让你难以割舍

到目前为止，我们已经讨论过勒索者如何使用催眠术来影响我们做出某个决定，例如招聘、投资或者请一天病假去滑雪。在现实世界中，这些强盗们勒索我们的方法就是成为我们生活的一部分，并影响我们做出一个又一个不合理的决定。这个过程的运作方式在恋爱关系中表现得最为明显。

说到恋爱，你还记得第4章的调情高手勒索者亚历克吗？他以舞者的身份出现，把那个头脑简单的布兰达迷得神魂颠倒。有一段时间，他们是相当认真的，直到……啊，我好像说得有点多了。让我们回到这场风流韵事真正开始的那一刻。他们见过几次面，但还没有上过床。起初，亚历克很热情，但后来却变得很冷酷。而那晚就是个转折点，布兰达很确定他们说好一起去看电影，但亚历克却没有出现。

对讲机在黑暗中嗡嗡作响，持续而响亮。布兰达看着时钟：凌晨两点。"谁？"她慢慢走出卧室的门喊道。

"亚历克。"他的声音在老旧的对讲机中听起来很微弱，就像是老电台节目中的人在说话。

"亚历克？"

"对不起，布兰达。我……我能过来待一会儿吗？"

"亚历克，现在已经两点了。"

"布兰达，我很抱歉。我好像，我不知道，我好像是害怕。就好像……该死的，如果我现在不告诉你，我再也不会有这种勇气了。"

"告诉我什么？"

"就是我……我必须站在这儿说吗？"

他的话被开门声打断了。

布兰达一边听着亚历克上楼梯的声音，一边心想，这可绝对不像我。

无形的力量让理智的布兰达给一个刚放了她鸽子的男人开了门，同时定下了两人之间的交往模式。这种无形的力量（至少一部分）牢牢控制了她的大脑，也同样能控制你的大脑。为了理解为什么冒失鬼和其他情感勒索者能让人们一次次回到他们身边，我们必须从生物学和心理学的角度研究一下吸引力。看看科学是否能够解释这几个问题：为什么最难相处的人似乎又是最有吸引力的？为什么当我们与他们打过交道，知道他们的缺点之后，仍然与他们难分难舍？

10种方法保护你免受冒失鬼型勒索者伤害

与冒失鬼型勒索者相处需要有点毅力，你需要有意识地让你更高级的大脑中枢参与进来。为了保护自己免受他们的侵害，你必须思考，而不仅仅是感受。

1. 了解他们，了解他们的过去，了解你的目标

防御勒索者最好的方法是理解他们行动的内驱力。冒失鬼追求的是刺激，而不是获得经济利益或永恒的爱。他们的这一点可能是无法改变的。如果他们改变了，他们就和那些无聊的人没什么区别了。你可以享受当下与他们共度的美好时光，但不要相信这些美好时光会持续下去，除非你想被他们榨干。

就像应对其他情感勒索者一样，如果你不了解冒失鬼型勒索者的过去，就不可能知道他们将来会做什么。人们过去曾做过的事情堪称预测其未来行动的最佳指标。不要指望勒索者的做法会与从前不同，除非情况发生了巨大变化，比如他们的行为使自己遭受了巨大的损失，或者他们已经戒毒戒酒一年以上。即使那样，你也别有侥幸心理。反社会型勒索者很享受自己的行为方式，且很少能从错误中吸取教训。

明确自己的目标可以使自己吃一堑长一智。冒失鬼型勒索者从情感上榨干别人，这可不仅是可怜的勒索者们的错。受害者们希望冒失鬼型勒索者们既要魅力四射，又要踏实可靠，这简直会把他们逼疯。这种事想都不要想，就好像你没法把法拉利跑车改装成丰田汽车。

有个稳赢不输的方法——你要让冒失鬼型勒索者发挥他们的特长：让他们负责给大家找乐子，或者做那些常人不敢尝试的任务。冒失鬼型勒索者擅长执行危险任务，他们对无论是身体上的还是情绪上的危险任务都很在行。他们不会轻易受伤，就算是受了伤也能很快恢复。如果你恰好要打仗，他们就是送去前线的最佳人选。

如果你不打仗，向军队学习依然是个好点子，自古以来，军队都是冒失鬼型勒索者的最佳归宿。原因可以用一个词概括：纪律。所有事情都有规则和程序，尤其是在安全方面。让冒失鬼型勒索者遵守命令，如果不服从就军法处置。而一旦开战，就收起这些规矩让他们放手去做。他们会把事情办得超出你的预期效果。

冒失鬼型勒索者还是世界上最好的推销员。挑战能激发他们的积极性，他们不会因为别人拒绝就泄气，而与生俱来的魅力能让他们得到顾客的喜爱和信任。不像某些二手车推销员凭借彻头彻尾的欺骗可能在短期内能多卖几辆，冒失鬼型勒索者

第 5 章　冒失鬼型勒索者：性感、刺激会损害你的健康

可以收获不少回头客。

2. 向他人求证

在勒索者中，反社会型勒索者尤其善于撒谎。有些二手车推销员通常是为了找乐子才欺骗你，而冒失鬼型勒索者通常不会这么做。他们会把事情描述成你（或他们）想要听到的版本，而不是告诉你事情的真相。当他们在谈论性、毒品、金钱，或他们过去做了什么以及他们打算在未来做什么的时候，尤其如此。所以，在没有进行外部证实的情况下，千万不要把他们的话当真。

3. 为他们所不为

冒失鬼型勒索者是不会去操心的。如果要和他们出去玩，你需要预见到会发生的麻烦事，因为他们不会去想的。多担心你自己，不用担心他们。保护自己免受冒失鬼的伤害是一份没有工资也没有结果的全职工作。

4. 要观其行，而不是听其言

你交代勒索者去做事，就要完全信任他们，即使他们按你的话去做只是为了让你别管他们。这条准则反过来也行得通。只能相信他们的表现，而不要相信他们的借口或解释。在他们给你找借口时，这一条尤为重要。

在特定的时间把特定的事情交给反社会型勒索者负责，别想着要转变他们的态度。

5. 识破催眠术

冒失鬼型勒索者不费吹灰之力就能把你催眠。学几声母鸡叫就行了（暗示你是一只怯懦的小鸡），这是科学上已知的最为快捷有效的催眠方式。然后释放出逍遥自在、不顾一切的魅力，再创造一个全是欢乐无须负责的替代现实，这时候你上钩的速度比说"年少轻狂"这几个字的速度还要快。说到年少，冒失鬼型勒索者很喜欢的一类猎物就是那些不知道自己到底有多酷的人，那些人对于挑战特别敏感。

如果你的生活中有冒失鬼型勒索者，你一定要能识别出催眠的危险信号：迅速与你交好、违背常理行事、想法极端、忽视客观情况，以及你整个人不知所措。在本书中，我会经常重复这些信号，我准备用它们组一个朗朗上口的缩写词。如果你能保证记住这个缩写词的话，那就能幸免于难。

6. 择战而赢

在与冒失鬼型勒索者的战斗中，你需要赢的是那些与化学物质有关的战斗。他们自己大脑中的化学成分已足以让大脑麻醉，并使其判断力受损。而在酒精或毒品的影响下，他们会变成真正的危险人物。他们真的是百无禁忌，对于适可而止没有哪怕一点点的模糊概念。如果你想给冒失鬼型勒索者设定个底线，那么这个底线肯定与物质滥用有关。

如果你不小心让冒失鬼型勒索者走进了你的生活，那么你要知道他或她对什么上瘾。严重一些的就是药物、赌博、购物和性爱。其中至少有一项，甚至全部都是冒失鬼型勒索者存在的问题。你需要知道冒失鬼型勒索者是怎么满足他们的嗜好的。冒失鬼型勒索者对他人造成的伤害差别很大，这主要取决于他们物质滥用的程度，也取决于他们控制自己成瘾的努力程度（可能是某种有条理的计划）。

永远不要相信，让冒失鬼型勒索者，或者其他任何反社会型勒索者感到愧疚会有什么用。他们就是这样，不会为自己的所作所为感到羞愧。除此之外，你也不要想以牙还牙地"给他们一个教训"，他们会将这种进攻当作你邀请他们参加一场决斗，而且赢的会是他们。

7. 利用强化原理

如果你想知道为什么你生活中的情感勒索者会那么做，如果你想让他们改变做法，你必须学会利用强化原理。

强化是指当一个行为发生之后，紧接着呈现一个强化物（奖励）时，这个行为在将来的发生概率就会增加。心理学家斯金纳认为，行为之所以发生变化，是由于强化作用的结果，强化是学习的基础。

教会人们如何行事的是事情的结果，而不是说教。

对于心理学家来说，学习并不是某人告诉你什么事，然后你记住了。学习是一种普遍的过程，包括我们所有的想法、感受以及行为的获得过程，不管是有意还是无意的。无论你是否意识到了强化的存在，你都在利用它们，它们也在影响你。如果你想有效应对生活中的勒索者，你需要知道强化的原理。

第一条也是最重要的一条规则就是：你更愿意去做那些能让你获得奖励的事情。

第 5 章　冒失鬼型勒索者：性感、刺激会损害你的健康

生活中的奖励通常是他人的积极反应而非实物奖励。情感勒索者非常善于利用强化原理。他们的所作所为几乎都是为了得到些什么。为了得到他们想要的，他们无所不做。你生活中的冒失鬼型勒索者会对你阿谀奉承，给你许下承诺，或者威胁你，对你大发脾气，让你感到愧疚，或是施展他们诡计多端的小脑袋里想出的其他招数。如果你上钩了，就相当于告诉他们：摆布你是能够获得奖励的。

下面就是一个简单而有力的例子。不知不觉中，你就强化了勒索者的行为：

你终于站起来捍卫自己，拒绝了一个勒索者。

"为什么不行？"他问。

作为一个理性的人，你解释了你的原因。

勒索者摇头道："这些理由根本说不通。"

你又很耐心地详细解释了一遍，希望这次他能够理解。但没过多久，你就意识到，他完全不记得你已经拒绝他了。

一小时后，为了获得片刻的宁静，你妥协了。

这个例子包含了大部分你需要了解的强化关系。要小心，因为强化是所有心理学中最有用也是最容易被误解的概念之一。

在这个例子中，很容易看出，通过妥协，你让冒失鬼型勒索者因纠缠你而获得了奖励，从而告诉他，如果他想从你这里得到什么，只要不停地烦你，就能够得到他想要的。这个例子包含的内容远不止这些，因为还有很多其他的强化关系也在起作用。

如果你希望冒失鬼型勒索者不要对你纠缠不休，那你就需要利用奖励的反义词。如果你像大多数人一样，认为奖励的反义词是惩罚，那么我就要告诉你，对于冒失鬼型勒索者来说，奖励的反义词是没有奖励。在大多数情况下，惩罚是完全无效的策略，而且还有潜在的副作用。但即使惩罚没有用，人们也还是相信惩罚，并且希望能够通过惩罚让事情向好的方向发展：

你已经受够了，开始大喊："你为什么总是要这样摆布我？你就不能别烦我吗？"

冒失鬼型勒索者一直摆布你是因为这么做有用。你可能觉得，假如有人向你大喊，指责你摆布他会让你觉得十分愧疚而不再这么做（你也可能不这么想，不过那就是另一回事了）。但对于冒失鬼型勒索者来说，他们缺乏感到愧疚所需的同理心，

你对他发火就是告诉他你的耐心即将告罄，他只需要再坚持一小会儿就能达到目的了。你以为是惩罚，在他看来却是奖励。

在这种常见的情况下，最简单也最优雅的解决方案就是不予奖励。如果你拒绝之后，被问起为什么，不要回答。我保证这会起作用，但是大多数人不会考虑将它作为一种策略使用，因为这其中还有另一种强化关系。

摆脱痛苦的局面是一个巨大的奖励。即使我们知道妥协会让同样的事情再次发生，我们现在还是为了获得一时的安宁而妥协了。另一个强化的规则是：最直接的奖励带来的满足感是最强烈的。这一条既适用于你，也适用于你生活中的勒索者，乃至所有人。

如果是这样，你可能会想知道怎么才能延迟满足？答案涉及的事你能做到，而冒失鬼型勒索者通常做不到——利用内部强化。

如果我问你为什么不去偷东西，你可能告诉我因为你不想进监狱，但这并不是原因。即使你有十足的把握不会被抓进监狱，你也不会去盗窃，因为盗窃是不好的，如果偷了东西，你会产生负罪感，这就是内部强化关系。内部强化使得成熟的人能够做他们不想做的事情（因为这些事从长远的角度看能够获得回报）。有的事情也能带来直接的回报，但是你的大脑里有个微弱的声音告诉你不能这么做，或者警告你如果不做正确的事，会有可怕的后果。你无时无刻不在使用内部强化，而勒索者不会这样。如果你不利用这一点，他们就会利用。

让我们再举个例子，看看内部强化的运作。

多年来，你学会了社交规则。通过遵循规则，你希望能够避免产生诸如伤害他人感情或是让人对你发火等不愉快的结果。其中一条规则是：如果有人问你问题，要回答。我们大多数人想都不会想就下意识遵循这条规则。为了有效应对勒索者，你需要想一想。我说的想一想，是指你必须创造另一种强化关系，你要让大脑中的声音对你说："即使很不舒服，我也要这么做，因为这样有用。"在对抗勒索者时，不要考虑礼貌问题。

情感勒索者通常会做出自我毁灭的选择，然后再让人们把他们从可怕的后果中拯救出来。如果你打算挽救一个勒索者，那就要考虑一下你给予了他哪些强化物，以及你想让他在这场博弈中学到什么。

> 第 5 章　冒失鬼型勒索者：性感、刺激会损害你的健康

这本书不仅会让你学会如何针对不同类型的情感勒索者设置有效的强化，还会让你学会如何长时间维持这种强化关系，直至它们起效。

针对冒失鬼型勒索者还应设置外部的强化物。他们通常不够成熟，无法形成决定行为的内部强化。

除非你完全确定自己想做什么，否则不要威胁冒失鬼型勒索者说你要结束这段关系。如果你并非真的要离开，那么他们就会一直试探你看你的底线在哪里。边缘政策（Brinkmanship）[①]向来都是冒失鬼型勒索者最喜欢的游戏。

强化关系的建立越无意识越好。这样你不用做坏人，而是让冒失鬼型勒索者自己不得不选择是遵循规则，还是面对后果。这就有一个好例子：我们六点半走，如果六点半你没到，我们就不带你去了。

能让冒失鬼型勒索者学到东西的唯一方法就是：让他们面对自己行为带来的自然后果。无论你有多好的借口，都不要阻止后果的产生。不然，你只能教会他们如何避开规则。

8. 战斗时，小心措辞

首先，不要向冒失鬼型勒索者解释什么是责任。相信我，我试过了，没用。你一走，所有算得上是反社会型勒索者的人都会在你背后模仿、嘲笑你的这种举动。

当你真的想要拒绝的时候，你要对他们说的是：不。并且不能让他们在些许细节中嗅出：也许可以。

如果你想让冒失鬼型勒索者做什么事，那就直接说出来，并让他们知道如果他们不做，会有什么后果。永远不要"光打雷不下雨"，在这方面他们比你在行多了，而且他们还擅长各种各样的欺骗，所以你的虚张声势一下子就会被他们看穿。

不要费力气让冒失鬼型勒索者感受到你想让他们感受的东西，也别指望他能善解人意。不要和他们讨论你们的关系，用不了 15 秒他们就不听你说了。如果你想让他们听你说话，那就不要说任何没趣的话。

---

① 边缘政策是冷战时期用来形容一个近乎要发动战争的情况，是到达战争边缘，从而说服对方屈服的一种战略术语。——译者注

9. 无视愤怒

当冒失鬼型勒索者没办法随心所欲的时候，就会大发脾气。他们会爆发各种各样的情绪，这样做的唯一目的就是让你妥协。千万不要妥协。

很显然，做起来难多了。其中的一些原因在强化原理那个部分已经讲过了，但原因远不止这些。

每个人都知道让别人停止发脾气的方法就是无视他们。这很难，因为人们对于强化的运作有一些误解。当你试着通过无视来压制愤怒时，你首先得到的反馈通常是消退爆发（extinction burst）①。他们会更长时间地吵闹、更加狂热地做你想要忽视的事情。这可能会让你相信，无视他们是不起作用的，但实际上这恰好证明无视在起作用了。

当你无视愤怒时，你要做的就是坚持，不然就相当于教会了冒失鬼型勒索者要坚持。反复无常的奖励将会使他们的行为无休止地持续下去。这就是为什么有人玩老虎机会停不下来。想要有效地处理他们的愤怒情绪，你必须建立一种内部强化关系，而不要变成一台老虎机。在阅读这本书的过程中，我们会看到勒索者们会利用反复无常的行为来达到他们的目的，所以你也要提醒自己不要去玩他们的老虎机。

我们已经看到，每种勒索者都有自己发怒的方式：或大喊大叫，或痛哭流涕，或噘嘴生气，或训斥责备，或给你冷脸，或是比你的母亲更善于诱导你产生愧疚的情绪。很多勒索者的表演都能得奥斯卡奖了，至少也能得个艾美奖（Emmy Awards）②。无论他们以哪种方式生气，关于他们的愤怒你需要记住两点：

第一，勒索者大发脾气意味着你胜利在望。如果你的做法没有效果，他们就不会大发脾气地阻止你。

第二，无论如何，坚持住。如果你在他们发火之后妥协了，你就教会了勒索者要持之以恒。每一章都会给出一条具体建议，教你如何抵御住世界级的表演。

---

① 消退爆发：在铃声搭配食物让狗流口水的实验中，只摇铃却没有食物的阶段经历一段时间之后，狗会知道铃声与食物无关，不再流口水，该现象为"消退"。在消退的初期，狗对铃声的反应强度增大，频率增加，该现象即为"消退爆发"。——译者注
② 艾美奖是美国电视界的最高奖项。——译者注

10. 了解你自己的底线

冒失鬼型勒索者不知道适可而止。如果有任何要设置的底线，那你一定要设置好。这样到最后，无论你做什么，他们都会离开的。做好心理准备，让他们就像去年的积雪一样在你的心中消失吧。

如果他们碰巧留了下来，那么恭喜你了，权当是恭喜吧。

EMOTIONAL VAMPIRES
第 6 章
爱上冒失鬼型勒索者

如果你爱上了一个冒失鬼型勒索者,那么你要面对的最大问题就是你爱他。他们把自己擅长的事情做得太好了,以至于让你相信他们无所不能。有这种想法的不止你一个;这是一种文化迷失。

动作英雄

好莱坞也钟情于冒失鬼型勒索者。他们制作的有关冒失鬼型勒索者的影片让你相信冒失鬼无所不能。我要说的不是那些单枪匹马、叱咤风云保卫地球的情节,这些冒失鬼型勒索者能做到。他们不可能做到的是安安稳稳地过日复一日的平淡生活。当需要冒失鬼型勒索者开车送孩子去学校时,费拉里斯(Ferraris)[①]也没办法把他们从法拉利跑车变成丰田汽车。

冒失鬼型勒索者擅长做需要精力、勇气和敏捷思维的工作。他们能够成为警察、消防员和士兵,保护我们的社会。我们给他们颁发奖牌,从书中阅读他们的冒险经历,在大屏幕上观看他们的历险过程,唯独不会与他们维持天长地久的婚姻关系。

所以,如果你爱上了一个冒失鬼型勒索者,想要把他留在身边,那你需要怎么做?以下是一些建议。

---

① 费拉里斯是意大利电机工程师,1885 年发现旋转磁场并建造了两相感应电动机的实验室模型。——译者注

第 6 章　爱上冒失鬼型勒索者

- **知道该期待什么。** 面对现实吧，你爱上冒失鬼型勒索者是因为他既有趣又令人兴奋，而不是因为他家务做得好。冒失鬼型勒索者充满活力、令人兴奋的原因是：他们永远都是青少年。在他们没有完全准备好之前，你是无法让他们长大的。但这并不意味着你只能让他们为所欲为。

    不要放弃希望。你可能无法改变冒失鬼型勒索者的本质，但可以通过细致的观察，改变他们的行为。这就是本章乃至整本书的内容。既然买了一辆法拉利跑车，那要么进行养护，要么卖了换辆丰田汽车。

- **不要指望他们善解人意。** 被你爱的冒失鬼型勒索者榨干的最简单的方式就是，认为他对你的需求的敏感程度，与他爱你的程度成正比。这就相当于相信真正关心主人的狗能学会说话。

    除非冒失鬼型勒索者正在积极主动地追求你，不然无论他们多么在乎你，都无法明白你的需求，更无法在你不开口要求的情况下满足你的需求。这与基因有些关系，因为大多数冒失鬼型勒索者是男性。

    女性是被社会化的，知道需要做什么，并且在不被要求的情况下就会去做。而低阶生物，比如男人、孩子、宠物和情感勒索者，是无法被训练出这种感知能力的。他们必须得到具体的指示才行。

    如果一个女人在地板上看到一只袜子，她会捡起来并放到它应该待的地方；如果一个男人在地板上看到一只袜子，他会认为它在那里是有原因的，然后从袜子上跨过去。

    任何关于男性的刻板印象都适用于反社会型勒索者，尤其适用于冒失鬼型勒索者。他们的肉身是用男子气概做成的。正如我们很快就会看到的，装腔作势是对女性走路和说话特点的刻板印象。

    像其他曾爱过冒失鬼型勒索者的人一样，你看到这里的时候可能会想："他是个成年人了，用得着什么事都要我来告诉他吗？"

    是的，用得着，而且还不止这样。

- **提出请求，而不要吩咐。** 你不能吩咐他们做什么，而是请求他们去做。

    冒失鬼型勒索者不愿意被别人吩咐做什么事，这种说法已经算是委婉的了。如果你生活中有个冒失鬼型勒索者，即使你无比谨慎负责，即使你是对的，他也永远不会愿意让你对他发号施令。

    如果想让他们做事，你需要与他们谈判。情感勒索者总是有所图的，所以在他们没有做好你交代的事情时,不要满足他们的欲望。对你来说,"如果今晚你想吃大餐,那就先去洗盘子擦地"这种话可能是一种粗鲁的指使,而对于冒失鬼型勒索者来说,这是一笔很划算的买卖。

除非你军装领子上的星星比冒失鬼型勒索者多,不然他们永远不会让你凌驾于他们之上。我之所以这么说是因为在一段关系中发生的主要战争通常并不是争论谁说了算,而是争论谁对谁错的。争论的内容通常十分可笑,我做了40多年的婚姻治疗,可以这么告诉你,除了性爱、财产和孩子的教育问题,夫妻间争论的最常见的事情是如何装洗碗机。似乎每个人都认为,装洗碗机有一个正确的方法,还有一个错误的方法。

生活给了我们一个残酷的选择:要么坚持真理,要么妥协获得和平,鱼和熊掌不可兼得。无论你与谁打交道,这都是事实。而如果你的生活中有情感勒索者,情况更是如此。为了你的真理获胜,必须有人承认自己错了,因此,你真正赢得的只有怨恨和另一场争吵。

- **规则,规则,还是规则。**正如我之前所说,在警察局、消防队和军队里,冒失鬼常会获得成功。如果你的生活中有冒失鬼型勒索者,可以参考一下这些组织。这些组织都有规章制度,并且在如何遵守规章制度方面进行了大量训练。它们还分配了任务,制定了值班表,明确规定了谁在何时对什么负责。如果你爱上了冒失鬼型勒索者,也需要制定一个值班表。

与军队不同的是,家里的值班表不是上级下达的,而是通过谈判制定的,就像劳工和管理层之间的谈判一样。除非家里不清楚谁是劳工谁是管理层。

无论任务是什么,都要进行讨论,决定哪些是必要行动,并且协商制定一个值班表,指定谁在什么时候做什么。

无论是倒垃圾还是抚养孩子,值班表都是有效的,始终要知道谁对什么负责。

如果你们刚刚为人父母,那制定一个家长值班时间表对生存至关重要。在没定好晚上轮到谁起床照看孩子之前,千万不要上床睡觉。你也不想在凌晨三点为此吵架吧?

无论是做父母,装洗碗机还是倒垃圾,所有工作都必须明确权力和责任。当值人员的决定就是最终决定,无论他们的决定多么糟糕,除了军事法庭,谁都不可以改变当值人员的决定。

- **无视怨言。**所有男人都有怨言,所有男人也都剔牙。你应该把这两件事当成一件事。不要用你的注意力强化他们。

为了完成工作，请给予他们充分的信任。不要在意他们的态度，重点在于，他们做了就行，不要在乎他们做事的理由是否正当。

当冒失鬼型勒索者开始抱怨时，别在脑海里编肥皂剧，先看看涉及的强化关系。无论他多爱你，如果无礼一点就能摆脱不愉快的任务，那么你觉得他会怎么做，你又在教他什么。如果你恰好是个女人，那么你是被社会化了的，能够关注到其他人的需求，这项素质令人钦佩，但不要让勒索者利用这一点来对付你。

- **给他制定任务。** 在修理汽车、对付坏人、出门打猎，或者在成功狩猎后开派对这些方面，冒失鬼最为擅长。只要有一点需要，无论是真的很紧急还是假装很紧急，他们都会放弃他们正在做的任何事情过来处理。施展你的想象力，让他们忙于修理、狩猎、营救或是做其他彰显男子气概的工作。如果你很聪明，你可以让洗衣服都变得男子气概十足。如果冒失鬼太闲，他们会自己创造任务，而这个任务就未必是你喜欢的了。

- **坚持做刺激的事。** 一个与冒失鬼志趣相投的玩伴才能够赢得冒失鬼的心。无论是徒步旅行、登山、野营、冲浪、狩猎、钓鱼还是跳伞，一旦开始，只要你想维持你们的关系，你就必须继续参与。

  如果你筋疲力尽想要退出活动或者忙于处理更重要的事情，你的冒失鬼型勒索者就会去找一个新玩伴。我不是说他们的做法是正确的，我只是想说，一起做刺激的事情是与冒失鬼型勒索者维持关系的命脉所在。那些无聊的任务必须和有趣的事情安排在一起，否则后果不可想象。

  永远不要为了吸引冒失鬼型勒索者而假装与他们志趣相投，不要想着等你把他抓牢了就可以不再做这些事情。如果你想让他给你一个长期的承诺，那你也必须给他们许下一个承诺。

- **别做他的酒友。** 有一件事你不能和他一起做，那就是物质滥用。单板滑雪不会危及生命，但酗酒会。如果他纵情于酗酒狂欢，那么不要以为当他身上承担更多责任的时候会减少这些活动。你现在就应该停下来，转而采取更健康更积极的生活方式。如果他不和你一同改换生活方式，你要知道自己应该期待什么。如果你停不下来，那就赶快去寻求帮助。如果你的生活中有一个冒失鬼型勒索者，你必须赢得的战斗就是物质滥用。我们会用几页的篇幅详细讨论成瘾的问题。

如果你爱上了冒失鬼型勒索者，那么就很难全身而退了。如果你不喜欢和老虎一起坐过山车，那还是找个会计师当伴侣吧。你的生活可能不那么刺激有趣，但会更安全，更可预测。

骗子

说到谎言，你必须面对的一个问题是，真相和谎言非黑即白，而任何背离事实的人都是病态撒谎者，不可相信他们的所作所为。

病态撒谎者确实存在，但没有你想象的多。我们会在"二手车推销员"的章节中讨论这类人。所有的情感勒索者都说谎，但他们说谎的方式和原因各不相同，应对不同种类的谎言需要采取的策略也有所不同。冒失鬼型勒索者说谎是为了逃避直接后果，对于"真相"和"诚实"之类的概念，他们很少进行深入思考。他们的谎言通常是"狗把我的家庭作业吃了"这种。

不忠的爱人

冒失鬼型勒索者通常热衷于性爱。如果有机会，他们可能会出轨。你必须要想明白这是否会成为你们这段关系中的致命伤。

凯茜拿起凯文的手机查找一位他们二人共同朋友的联系方式。手机屏幕亮起，出现了一张女人的照片，手里拿着一杯插着小伞的饮料。

"这是谁？"凯茜一边问，一边把照片拿给凯文看。

"哦，"凯文回答道，"我上个月开会的时候遇到的，她让我给她拍张照片。"

在进一步讨论凯文对"照片中的女人是谁"的解释之前，我们需要讨论一个哲学概念。这个规则被称为"奥卡姆的剃刀"。简单来说，它是指最简单的解释通常是正确的解释。

如果你的生活中有一个冒失鬼，你可能发现自己和凯茜所面对的情况相同。此时，你该怎么办？

- 首先，花点时间思考一下。此时要做的是终止讨论。不要说你的想法或你要做什么，因为你自己也不知道。你最不应该做的就是看起来接受了他的无稽之谈。你也不要把它变成一次有关信任、爱情，或者你作为伴侣的不称职之处的不相干的讨论。我见过的所有处于这种情况下的客户都在后悔：当第一个证据出现时,他们要是没失控该多好。所以,给自己一个机会,终止讨论,在你崩溃之前仔细考虑清楚。

除了让你有机会理清思路之外,对于犯了错的伴侣来说,这个方法带来的影响很深刻,比你想说的或想做的其他任何事都有用。现在的问题依然是他的错误行为,而不是你过激的情绪反应。

- **评估证据。**在你沉默并进行自我反省时,你必须明确,是真的有证据,还是只是你自己的不安全感作祟。确凿的证据(如手机里的照片或短信),与聚会上的调情或出差时间过长有很大不同。

  如果你在第 25 章的偏执型勒索者测验中得分不高,那么出轨这件事很可能不是你的臆想。当然也有可能是凯茜想多了,凯文的解释是真实的。如果是这样的话,那凯文会拿出其他证据证明自己。

  如果是第一次发生这种情况,那可以认为这是一个能够纠正的"一时糊涂"。但如果他有前科,那就不要骗自己了。

- **重点在于不忠,而非说谎。**如果你的伴侣直接过来和你说:"亲爱的,我出轨了。"情况不会有任何不同。

- **想清楚不忠对你来说意味着什么。**如果意味着你们的关系结束了,你能否接受?如果能,那么是时候咨询律师了。如果你不知道,那就咨询心理治疗师。现在的问题在于你最深切的感受是什么,而非考虑你是应该甩掉冒失鬼型勒索者还是继续和他在一起。如果你问其他人,那么不同的人会给你提出不同的建议,所以,不要问别人。你的决定应该取决于你自己的感受以及你为什么会有这种感受。比起朋友,心理治疗师可以更好地帮助你解决这种问题。

- **现在你准备好谈话了。**定个时间讨论这个问题,问他认为该怎么办。如果你听到的还是一些无稽之谈,而没有确凿证据,那就起身离开吧。在做出最终决定之前再试着谈一次。

- **如果你打算继续这段关系,那就趁早寻求专业帮助。**不忠包含很多问题,你需要有人帮你一次性找出问题根源并予以解决。去找专业人士吧。

当你的前夫是冒失鬼型勒索者

许多女性都放弃了她们年轻时所嫁的冒失鬼型勒索者。她们最终厌倦了保养那辆法拉利跑车所必须忍受的所有事情。如果你是她们中的一员,你应该明白我说的是什么。多年来,你的朋友和家人一直在劝你摆脱这个家伙。但当你最终决定这么做时，你会发现这比你想象的要难得多。

雪莉终于受够了迪伦。她无法再忍受他的谎言、纵情享乐、不负责任和冷漠，更不用说在他们之间还有个第三者。雪莉觉得离婚对他们俩来说都是一种解脱。她和律师商量了一下，让迪伦搬出去。

突然之间，她非常惊讶，她成了迪伦生命中最重要的事情。多年来，她想要的只是一点关心、一点温情还有一点精神支持，就像恋爱时那样，然而却什么都没有。

现在，在离婚协议书送达之后，这个多年前偷走了她的心的英俊的恶魔却在深夜出现在家门口，捧着一束花，流着眼泪，许下诺言。他说："经过这些事，我终于改变了，能再相信我一次吗？"

嗯，再共度一夜也没什么坏处吧。

一切皆有可能，但即将离婚并不会让迪伦长大——他仍然像个冒失鬼一样行事。但是现在这种关系很令人兴奋与向往，因为两人的关系已走向尽头，为了挽回，他什么话都能说，什么都可以做。然后呢？

我不会冒昧地告诉雪莉要拿站在她家门口的迪伦怎么办。但我可能会告诉她，事情没有发生任何实质性改变，这一点其实她心里也很清楚。我会告诉她，几乎所有曾试图离婚的人都遇到过同样的情况，几乎每个女人都让他们进门了，之后又觉得不能把这件事告诉朋友和家人，因为他们不会明白。勒索者就是在这种保密的庇护下茁壮成长的。

如果你像雪莉一样，想与冒失鬼型勒索者或者任何其他类型的情感勒索者离婚，那么我的建议如下。

- **不要保密。** 如果你承认自己百感交集，行为很情绪化，那你会发现也许你所有的朋友，甚至你的母亲（也可能是你的父亲）都会劝说你与勒索者前任重归于好。如果你不跟其他人交流，那你可能会觉得自己是世界上唯一的笨蛋。相信我，你不是。决定是否坚持离婚很难，既痛苦又迷茫。因此，不要试图自己扛，更不要把勒索者本人当成唯一的知己。你需要清醒地思考，并与他人进行公开探讨，从而决定怎样做对你最有利。

- **给点时间。** 如果你正在考虑原谅勒索者，那不要马上就做。给出足够的时间，看看他所承诺的改变是否真的能够兑现。最重要的是，他必须向你证明，他有足够的耐心和诚意，即使自己的欲望无法马上得到满足也可以忍受。每天

第6章　爱上冒失鬼型勒索者

给你发 30 条短信可能意味着他有所改变，甚至是在奉承你，但这更可能代表着他不耐烦了，而不是真正改变了。

如果你坚持要离婚，那你还有一些事情需要考虑。

- **不要和他说话。** 如果你希望事情会和平解决，按部就班进行，那千万别抱太大希望。被一脚踢开的冒失鬼型勒索者有时会慢慢走远，但他们也可能会怀恨在心，伺机报复。这两种情况也可能同时存在。如果你继续和他说话，那他会在你身上尝试他所擅长的每一种催眠术。此时，你应该召集朋友和家人，让他们像嗜酒者互诫协会（Alcoholics Anonymous）①里的成员一样，帮助你克服对冒失鬼型勒索者的上瘾问题。一旦你想和冒失鬼说话，就给他们打电话。

  如果那个勒索者想和谁谈谈的话，那就让他和你的律师谈去吧。

- **请个好律师。** 自行协议离婚想都不要想。请律师才能让你心里踏实。选择一位优秀的律师是很困难的，因为法律界遍布勒索者。在做出选择之前，和朋友谈谈，再面试几位律师。优秀的律师应该具备以下条件。

  ➢ 及时回电。让我惊讶的是，很多律师都做不到。我指的是办公时间内回电话。绝不要请一位不给你回电话的律师，除非他的助手与你联系解释了原因。即便如此，也请对这种律师持怀疑态度。打个电话能用多长时间？

  ➢ 比你更果断。优秀的律师要彬彬有礼，但不一定要亲切和蔼。过于回避冲突的律师是最不可选的，这种律师无法有效地应对你前任雇的混蛋律师。你的律师要比你更强大、更果断，而不是还不如你。

  ➢ 主动。如果某位律师建议你等着，看对方要做什么，那么这种律师还是不要请了。这种战斗谁先宣战谁就会赢，在监护权和探视权方面尤其如此。一定要向律师询问整体计划是什么，如果没有整体计划，那就相当于没有律师。

- **一旦决定离婚，就一定要坚持按照法院的判决执行。** 如果你已经知道了你让骆驼把鼻子伸到你的帐篷里②会发生什么，那永远别忘了你的前任就是"骆

---

① 嗜酒者互诫协会，1935 年 6 月 10 日创建于美国，协会所有成员通过交流经验、相互支持解决共同存在的问题，并帮助他人戒除酒瘾。——译者注
② 这是一个阿拉伯寓言。夜里，骆驼觉得鼻子冷，问主人自己可否将鼻子伸到帐篷里，主人答应了。之后骆驼请求把头、脚放进来，主人又答应了。最后，骆驼钻进来，把主人赶出了帐篷。后用该寓言形容容忍小错误，就会导致对方得寸进尺，最终会出现大问题。——译者注

驼"。勒索者不遵守规则。如果你想和勒索者离婚，那么最好的时机就是在他第一次违规的时候。这一条在制定赔款、遵守探视时间或其他任何事情上都适用。不要小看小事情，因为它们会变成大事。比起离婚本身，这些后续问题更需要你去找一位比你更加主动、强势的律师。

当父亲是冒失鬼型勒索者

一段婚姻免不了要有孩子。但冒失鬼型勒索者似乎有很多孩子，他们往往分散在不同的家庭中。出于这个原因，我们需要从几个不同的角度来看待冒失鬼型父亲。

如果冒失鬼型勒索者是你的孩子的父亲

让我们回到雪莉和迪伦离婚前的几年：

与孩子们玩乐的时候，迪伦一直是一个很称职的父亲。不过不玩乐的时候，他就不称职了。雪莉一直试着和迪伦解释，做父亲就意味着要做一些必要但没有趣味的事情，比如换尿布，辅导孩子做家庭作业，带孩子去看医生，去参加无聊的学校活动，以及重中之重——坚持按规则行事。而迪伦对规则的处理方式是，要么无视它们，要么在违反规则造成麻烦后大动肝火。

如果雪莉当初采取完全不同的做法，那最终的结果会不会与现在不同？我们很难说。但如果你正在尝试与冒失鬼型勒索者一同养育孩子，那么我的建议如下：

- 规则，规则，还是规则。还记得这条吗？在面对孩子和情感勒索者时，有一条至关重要：一次只解决一件事。育儿的许多日常任务都是可以计划的。无论是换尿布还是设置宵禁时间，每一项都需要讨论，对于任务如何完成、谁来完成以及什么时候完成等问题都需要达成一致。可以将这些事情写成一个手册，以供日后参考。

  对于那些知道该怎么做并相信其他人也会这样做的人来说，这种做法可能显得既乏味又多余。但相信我，事先制定好规则并不是浪费精力，你总不想因为事情办砸了或根本没有做完而争吵不休。

- 严格按照家长值班表执行。值班家长这个概念，在孩子长大到不需要午夜喂食和换尿布后的很长时间内仍然有用。其原因有二。一是，我们已经讨论了明确分工和制定规则的重要性。二是，如果你希望伴侣继续参与抚养孩子的过程，那就让他以自己的方式去做，即使你认为他的方式是错误的。除了基本的安全问题之外，照顾孩子的方式没有对错，只有意见一不一致。担任值班家长的好处是拥有绝对的控制权。我之所以这么说是因为，许多人喜欢对配偶的育儿行为指手画脚，似乎不按他们的方式去做就是错误的。发生这种情况时，冒失鬼型勒索者可能会产生这样的疑问："如果我做什么都是错的，那我为什么还要做？"如果你曾被问过这个问题，那么你应该记住，这个问题的关键在于建立何种强化关系，而不在于谁对谁错。

如果你与孩子的冒失鬼父亲离婚了

雪莉曾尝试改变自己的勒索者丈夫，但她的努力没有奏效。

现在离婚已经板上钉钉，没有挽回的余地了。要说迪伦在财务、执行计划和其他所有事上有多靠不住，雪莉能写一本书。他让孩子们失望了多少次，雪莉已经数不过来了。而当他带孩子的时候，孩子们很难在疯玩之后回归日常生活。真正让她伤心的是，即使他有那么多缺点，许下了那么多无法实现的承诺，孩子们仍然认为，除了切片面包以外，他们的父亲是世界上最棒的。

这并不是说她嫉妒了，但为什么当他纵情享乐时，所有的育儿工作却都要她来做？好吧，她是很嫉妒。

冒失鬼型勒索者是典型的寻欢作乐型父亲。相对配偶，这对孩子造成的伤害会更大。如果你正处于这种情况中，不妨听听以下这些建议。

- **择战而赢。** 要记住，冒失鬼型勒索者不喜欢被吩咐做事。不论你的主张是否正确，你针对孩子的需求进行的战斗越多，你的胜率就越低。你是不是对的并不重要。在对抗勒索者时，你能赢得的战斗数量非常有限。因此，只要确保在重要的战役中获得成功就可以。孩子的适应能力非常强。即使育儿方式很粗糙，他们也可以成长得很好。有一条很重要的准则：把战斗范围缩减至安全问题以及孩子要求你介入的问题范围内。在这些情况下，如果孩子能为自己辩护，那就更好了。顺便说一句，可以充分利用冒失鬼的权力问题。如果你想让他离你远点，那你只需告诉他，他需要花更多的时间陪伴孩子。
- **了解你自己的动机。** 在你和冒失鬼前任讨论如何抚养孩子的问题之前，请审视你自己的内心。你出手干预是出于孩子的需要，还是出于你自己的愤怒和嫉妒。勒索者在撒谎方面比你高明得多，他马上就能知道你是否背着他在孩子面前说他坏话。

更糟的是，你的孩子也可能会知道这种情况，并觉得为了忠于你，他们必须反对他们的父亲。不用说，这不是你想看到的。

- **直接沟通**。不管和他沟通有多么困难，也绝不要通过孩子来传话，那样造成的困惑和曲解是不可估量的。通过间接沟通，你无意中就为勒索者的壮大提供了土壤。
- **放轻松**。你要知道，在一定程度上，你给孩子们的爱、付出的努力以及制定的规则等事情是他们的父亲做不到的，这一切是会得到孩子们的理解和感激的。遗憾的是，在他们自己成为父母之前，他们可能不知道如何把这些想法表达出来。如果你希望孩子们能够早点知道你是个很棒的妈妈，那就放轻松，多和孩子们享受快乐的时光，即使你认为还有更重要的事情要做。

如果你的父亲是冒失鬼型勒索者

冒失鬼型勒索者父亲能有趣那么一分钟，接下来就会让你失望了。无论你是10岁还是60岁，你都要弄清楚如何与他一同生活。

迪伦的儿子杰克喜欢棒球，部分原因是他的父亲也喜欢棒球。在离婚之前，杰克总是和父亲一起玩投球和接球，现在却再也不玩了。很可惜，尽管现在杰克的棒球打得很好了，今年还当先发投手，他的父亲也一直承诺会来看他的比赛，但总是能找到借口不来。

对于杰克以及其他有着总失约（无论是字面上的失约还是象征性的失约）的勒索者父亲的人，我给的建议如下。

- **要明白**，失约的是他而不是你。父母对孩子有其应尽的责任与义务，让自己的需要变得轻松而有趣并不是你的义务。

  你的父亲失约，是因为他身上缺少守信的品质，这不是你的错。你越想得到他的关注和认可，你就越会迷失自我。虽然你很难过，但你无能为力。想玩球就出去玩吧。总有人会注意到你的。
- **为自己说话**。如果你不喜欢父亲对待你的方式，那就把你的感受、你的需求告诉他。别让他人站出来替你说话，你的话比其他人的更有可能对他产生影响，虽然有可能也没用，但把你的想法准确地表达出来，至少有可能会影响到他。不要指望他能明白你的暗示，你应该把自己的感受和诉求直接告诉他，而不是指责他的所作所为像个混蛋。

- **放下你的怨恨。** 把你生活中所有不好的事情都归咎于糟糕的父母很容易。然而，越早停止这种做法，你就越能把更多的精力投入自己的生活中，你也就会更快乐、更成功。如果你现在接受这个建议，你就能节省大量接受心理治疗的时间。

- **当他需要你时，允许自己说不。** 你的冒失鬼父亲迟早会需要你。他总有一天会感到无聊、沮丧、孤独，或因为上了年纪而不能照顾自己。这时你有权说不。如果你是一个负责任的人，那么这对你来说会很难，而比这更难的是照顾一个从来没有关心过自己的人。而一旦你开始照顾他，他是不会让你停下来的。就算他停下来了，你也不会让自己放弃他。如果你觉得自己必须帮助他，那就去做吧。但你要明白，你有权利说不。记住责任是双方的。

当成年子女是冒失鬼型勒索者

当迪伦拿出他的支票本时，他的父亲叹了口气。他看着儿子，然后故作威严地说道："好，我替你付这个月的租金，但这是最后一次。"

他们都知道这不可能是最后一次。

如果你的成年子女是一个情感勒索者，那在你的余生中，你将不得不做出诸多艰难的选择。虽然你明白你不应该插手，但让其自生自灭的后果你想都不敢想。你不能让他进监狱，或是睡在大街上，也不能让他与他的孩子断绝关系。

作为一个父亲，我知道爱总会战胜理智。我不会出言不逊，让你把他交由命运安排。我想告诉你的是，你夹在情感勒索者及其自身的行为后果之间，绝对是件费力不讨好的事情。当然，这一点其实你早已心知肚明了。

如果你的成年子女是冒失鬼型勒索者，或任何其他类型的情感勒索者，那我还有一些事想告诉你，这可能会对你有所帮助。

- **一定要让勒索者直接提出请求。** 通常情况下，如果勒索者想让父母帮他们脱离苦海，那他们就会编一个悲惨的故事。他们看起来很沮丧、很绝望，让你觉得你必须出手扭转局面。我们都插过手，但我们都应该停止这种做法。现在就住手。如果勒索者想要什么，那就等他向你提出请求。这样你可以对你们的交易保有一些控制权。你可以同意，也可以不同意，甚至还可以提出你想要的回报。

- **不要假装钱是借给他们的。** 我们还是现实点儿吧。冒失鬼型勒索者总是需要钱，而如果你有钱，你就会源源不断地给他们钱。不要再假装这笔钱是借给他们的了，因为我们都知道他们永远不会还的。与你对情感勒索者所做的其他事情一样，在你打开钱包之前，想想这件事中的强化关系。借钱涉及的强化关系是：先给予奖励，然后寄希望于对方遵守约定。这种运作方式相当糟糕，这也正是银行要求提供抵押品、信用卡利率高的原因。但正如我们所知，这些策略不适用于情感勒索者。他们总能长时间不还钱还不用承担后果，这常常让我惊讶不已。如果银行都无法让冒失鬼型勒索者偿还债务，那你也肯定做不到，你更不会收回他们的抵押品，所以别再假装你给他们的钱是他们借的了。

- **建立你能坚持的强化关系。** 至少，你可以试着给你任性的孩子们付工资，但无论你们最开始约好的是多少钱，你都要坚持按此金额给付。或者更好一点，就是让它成为真正的薪水。在你把钱给勒索者之前，让他做点什么，比如修剪草坪或洗车。但在这一条上，总会出现这一情况——象征性地做点什么就能得到超额的薪资。还有一个更有创意的策略，那就是你出钱让勒索者做的事情能对他或他的家人有长远的帮助。比如，在勒索者找到了工作，通过了考试，或在其孩子的学校当义工之后，再给他们钱。无论如何，你给勒索者的任何一笔钱，都需要有明确的依据。同时要记住，无论你设定的强化关系是什么，交易就是交易。

- **落实到书面上。** 对于情感勒索者来说，口头协议并不管用。因此，无论你们定下了什么协议，都应落实到书面上，并由各方签字。请记住，勒索者就是在混乱和误解之下壮大起来的。

- **付账单，不要直接给钱。** 如果有可能，你最好亲眼看着你给勒索者的钱直接交给了银行、房东或电力公司。如果你直接把钱给他们，那么这笔钱有可能在到达它应该去的地方之前就被花光了。

- **无论提供什么，都要定好限制条件。** 无论是给钱、请保姆，还是让孩子搬到你家来住，只要你满足了勒索者的任何需求，记得要就多少钱、多长时间制定限制条件，并说好超出限制的后果。毫无疑问，设定好的限度必须坚持执行。提前设定限制条件，事情会更好办。

- **尽你所能。** 关于如何应对冒失鬼型成年子女勒索者，以上我所说的这么多建议，没人能照单全收。无论我们的孩子多大年纪，他都比其他任何人更能软化我们的心灵，动摇我们的决心。祝你好运，你所能做的就是尽你所能。

第 6 章　爱上冒失鬼型勒索者

　　冒失鬼型勒索者是你会经常遇到的一类情感勒索者。正如我在本章前面所说的，他们是勒索者的基本"型号"。所以我提出的有关如何应对冒失鬼的建议对其他类型的勒索者同样有效。

　　在接下来的几章中，我们将讨论其他类型的反社会型勒索者，他们更加阴暗，也更加危险。

EMOTIONAL VAMPIRES
第 7 章
热衷说谎的反社会型勒索者

我并不是贬低那些真正靠卖二手车谋生的人的尊严。我相信他们中的大多数人都是正直守信的公民。本章只是借"二手车推销员"来指那些强词夺理欺骗他人的人。他们蹬着白鞋，戴着粉色的钻戒，穿着格子涤纶夹克，摆弄着里程表，声称他们的保修单什么都保，坏掉的零部件另当别论。

所有的情感勒索者都爱说谎。冒失鬼型勒索者说谎是因为这是当时最容易做的事情；表演型勒索者说谎是因为他们相信自己的谎言；自恋型勒索者说谎是因为这是权宜之计；强迫型勒索者说谎是因为他们认为自己绝对正确；偏执型勒索者则会在事实无法支撑信仰的时候说谎；而"二手车推销员"说谎是因为他们喜欢说谎。

各种反社会型勒索者都喜欢刺激。"二手车推销员"尤为钟爱欺骗他人带来的隐秘的快感。多数情况下他们说谎并不是为了让自己逃脱惩罚，而是为了得到他们想要的东西。但对于他们的猎物而言，这并没有什么区别。如果你拥有的某样东西正是他们想要的，那么为了得到它，他们会不惜说谎、诈骗或盗窃。

为了得到想要的东西，"二手车推销员"能够施展非常惊人的亲和力，如果你认为他们最多也就是骗你花更多的钱买个垃圾，那么你可能已身处极度危险之中了。

海蒂在一个相亲网站上遇见了杰夫。虽然她对网络交友一直心存疑虑，但她的一位朋友在网站上相亲成功了，所以她也想试试。杰夫似乎人非常好，长得也帅。他是一位工程师，在建筑工地做顾问，因此他经常出差，但这对海蒂来说不是问题。

第7章 热衷说谎的反社会型勒索者

她单身的时间很长，比较喜欢有些私人空间。

杰夫是一位传统的绅士，他会送花给她，还会替她开门。此外，他还坚持要为所有的开销付款，这让海蒂感觉自己生活在浪漫小说中。

海蒂的朋友们都特别想见见杰夫，但他却一直推托说自己有点害羞。海蒂觉得这一点很可爱。一个如此成功并且看起来很自信的人会害羞，这让他就像个小男孩一样。她时常会想，自己怎么会这么幸运。

但海蒂的朋友珍妮对此却有些怀疑。

"海蒂，你了解他吗？他住哪儿？"

"他住在韦斯特赛德。"

"你去过吗？"

"没去过，他住的只是一个小公寓。他总出差，不需要太大的地方。"

"他在哪儿工作？"

"在一家工程咨询公司。"

"我们在谷歌上搜一搜他。"

"我已经搜过了，但杰夫·威尔逊这个名字太大众了，搜出了好几千个。"

"海蒂，"珍妮说道，"虽然我不想这么说，但你很有钱……"

"他不是看上了我的钱，他自己也很有钱。"

"你怎么知道的？"

海蒂脸红了："因为一些私人原因。"

"好吧，当时我们在海边。冲动之下，他问我想不想留下来过夜。我们在一个非常好的含早餐的旅店定了个房间，但是办入住的时候，他的钱包找不到了，是我刷的卡。我和他说没关系，我不介意付钱。但第二天，他就把钱还给我了。他把钱装在信封里，上面还放了朵玫瑰花。"

后来事实证明，杰夫真的是个骗子，他骗了海蒂一大笔钱。并且海蒂后来发现，他在好几个女人身上都用过丢钱包这个伎俩。

海蒂感到心碎，但令她更伤心的是，自己怎么会那么相信他。

"我怎么会这么傻？"

这是一个重要而又很有意义的问题，尽管海蒂以这样一种自我惩罚的方式把问题问出来，但我们应该反思的是问题背后所包含的信息——反社会型"二手车推销员"是如何说服我们做出一看就知道很蠢的决定的。而保护自己最好的方法就是，在催眠的迷雾进入我们的大脑之前，了解并识破他们的伎俩。

首先，要牢记于心的是：如果一笔交易完美得如同假象，那么它其实就是假象。这句话我们以前都听过，但一时激动就会容易忘记。

有趣的是，我们做出愚蠢行为的原因之一，就是相信我们自己真的很聪明。

你怎么会这么傻？答案和其他所有被情感勒索者吸引并榨干的人一样：你被催眠了。

"二手车推销员"的催眠术

如你所想，"二手车推销员"是善于利用催眠手段谋取私利的大师。他们的人际世界由一个接一个的"销售点"组成。在他们如鱼得水的环境中，他们兴风作浪，像花样滑冰运动员一样优雅，也像蛇一样阴毒。

识别推销辞令并不容易。最成功的推销速度飞快，以至于合同上的墨水都干了，合同也归档了，你还没明白过来自己买了什么。大多数推销辞令都基于你自身的礼貌回应——勒索者给了你一些东西，而你为了表示友好，在自己反应过来之前，就已经把钱包送到了勒索者手里。

我对各种推销辞令的探讨深受社会学家罗伯特·西奥迪尼（Robert Cialdini）的影响，他的一生都在研究人们相互影响的方式。他指出，推销辞令的种类有限，但每种辞令却有多种演绎方式。所有推销模式的成功都是因为人们下意识地做出了他人期待的反应，而没有仔细思考他们到底需要什么。

勒索者的推销辞令可以总结为以下七种基本模式。

按我说的做，因为你喜欢我

喜欢上勒索者很容易。当你还在犹豫是否把他们想要的东西给他们时，"二手车推销员"就开始向你闪烁机智的光芒，散发出虚伪的善意。待你上钩后不到三秒，这些光芒和善意就消失了。但当它还存在时，给你的感觉就如春日般温暖，如樱花般甜美。在这个世界上，没有任何人能像勒索者一样魅力四射。你可以去问问海蒂，杰夫为了吸引她，做了多少件讨她欢心的事情。

研究表明，让人喜欢你的最好方式就是对他们表现出兴趣。情感勒索者不需要了解这些研究结果，他们凭本能就能做到。

第 7 章　热衷说谎的反社会型勒索者

从一开始，他们似乎对你、你的孩子、你的爱好或任何你谈及的东西都很感兴趣。情感勒索者是你见过的最迷人的人。请记住，迷人这个词的本义就是"施放魔法咒语"。你喜欢"二手车推销员"并不只是因为他们天生魅力非凡，而是人们倾向于喜欢与自己相似的人。"二手车推销员"开始推销时，通常会先与你建立相同点，他们密切关注着你，问清你是谁、喜欢什么、有哪些想法，然后自称喜欢并相信同样的事情。要是你没有警觉，他们的盘问听起来就是无关痛痒的闲聊。

当真正的销售人员这样做时，你可以轻松地将对话引回产品本身。而当其他人开始提出很多关于你的问题时，问问你自己，他是不是想向你推销某些东西，这个东西可能是什么。当然，他也可能只是想表达友好。但是话说回来，释放善意就是打探信息最常用的技术。

识别"喜欢我吧"推销辞令的一种方法就是鉴别出一个重复的主题。在一段时间内，勒索者可能会不自觉地尝试在许多不同的领域与你建立相同点。如果随意的闲聊不断回到"我们很相似"这一主题，那这要么是惊人的巧合，要么就是你碰上了一个想"温水煮青蛙"的"二手车推销员"。

勒索者还会利用一种不能宣之于口的假设：你们都是被压迫的少数群体的一员，反对同一事物。不幸的是，与你讨厌同样的事物，似乎比与你喜欢同样的事物更能快速形成更强大的纽带，所以要小心，你要查验的是他的资质，而不是喜不喜欢某个党派。

在工作中，克里斯和他的伙伴们喜欢听保守派的谈话类电台节目。如果茶叶党① 成员也有会员卡的话，他们肯定会去申请。正是这些家伙告诉克里斯，记账员达拉比大多数会计师更懂得税收方面的知识。她能帮小公司利用大型企业常用的税法漏洞。

于是，克里斯去拜访达拉了，这是一位坚定的茶叶党成员。而比这更重要的是，她的话听起来很有道理："你知道华尔街和政府是携手合作的，税法里到处都是国税局不希望你知道的小猫腻。"

她的要价相当高，但她向克里斯保证，他得到的退税会远高于她的要价。

---

① 1773 年，波士顿仍属英国殖民地，为反抗英国殖民当局的高税收政策，波士顿民众将英国东印度公司三条船上的 342 箱茶叶倾倒在波士顿海湾，该事件代表北美人民反对英国暴政的开端，参加者被称之为茶叶党（Tea Party）。此后茶叶党成了革命的代名词。学术界认为，茶叶党并非政党，而是草根运动。——译者注

事实证明，她是对的。克里斯掉到了钱眼儿里，提交了退税申报单。他对数字一向搞不太懂，所以没有仔细检查。"反正达拉知道她在做什么。"克里斯心想。

不幸的是，当他拿到审计通知时，达拉已无处可寻。当时，她并没有作为第三方签名，理由是避免国税局抓住把柄。

克里斯最终退回了他的退税款，还交了更多的罚款。

我们再来看一个例子。

内奥米正在努力成为一名素食主义者。她希望有朝一日能成为像她的朋友塞拉那样的素食者，致力于维护动物权益和其他一切对地球有益的事物。

有一天塞拉向内奥米提议："你从来没有听说过'超级绿色'公司？它被评为国内最环保的公司。它家的维生素是最纯净的，所有的产品都是由天然物质制成的。最重要的是，它的产品比你在商店买到的任何化学垃圾的效果都好。"

在试用了一些免费样品之后，内奥米不得不承认这些东西确实很好用，味道闻起来也不错。"就算贵点儿又怎么样？它们对地球有益，好产品早晚会畅销的。"内奥米心想。

内奥米被说服了，她投资了大约1000美元购买了样品和精装宣传册，成了公司的基层分销商。

内奥米的第一个销售电话打给了她的妹妹，她的妹夫是一位高中化学教师。他在听闻后说道："化学品就是化学品，内奥米，石油才是天然成分。我觉得这种东西与你在商店里买到的那些没有什么不同。"

"但它被评为美国最环保的公司呢。"

"谁评的？"

内奥米看着宣传册，小声回答："它没说。"

对于内奥米来说，销售已经够难的了。现在，她又失去了对产品的信心，而且也不敢再打销售电话了。她还怕塞拉会不高兴，所以她躲着塞拉。

在这个例子中，不太好说被骗的是谁，骗人的又是谁。毫无疑问，塞拉对那个把产品卖给她的人深信不疑，她本人可能无比信任"超级绿色"公司。然而，被别人说服是一回事，而将经销权卖给一个不懂得拒绝、还可能因为太胆小而无法把产品卖出去的朋友，那就是另一回事了。当然，如果你想赚钱，那你就必须把产品和分销权卖给别人。

不用说，所有的商家都会声称自己的产品是绿色无添加的，但很少有人实际查证，因为他们没有权力或者不想这么做。如果这是小型创业公司说的，它们的产品也只是卖到居民家中，那就更没有人会去查证了。

为了保护自己免受迷人的"二手车推销员"的伤害，请记住，你可以仅仅因为与某些人拥有相似的背景，或者拥有相同的朋友或敌人去喜欢他们，但这并不意味着你必须相信他们说的话。

为了回馈而照办

"二手车推销员"会让你相信，因为他们给了你一些东西，所以你欠他们的。在他们看来，小小的好处就像那些杂货店发的免费样品。其目的不是为了让你受益，而是为了让你买东西。

要明白，礼物或好意并不是合同（除非你真的因为它们签了合同），这样能够保护你免受伤害。当有人提出为你做某件事或给你某些东西时，问问你自己，这些是否带有明显的附加条款。如果你觉得自己有义务回馈，那么在他们提出要求之前，赶快用同等价值的东西回报他们。同时请记住，即使有附加条款，只要你不接受，它们就无法束缚你。

"其他人都买了"

"二手车推销员"非常擅长利用人们的从众心理。

在你"沦陷"之前，请记住你的母亲说过的话："如果你所有的朋友都从悬崖上跳下去了，那你是不是也要跟着跳下去？"

限时优惠

勒索者知道任何物品的稀缺价值都远远超出其实际价值，这被称为挠痒娃娃效应（Tickle Me Elmo effect）[①]。

为了言行一致，所以要这样做

认知不和谐能产生一种惊人的力量，从而歪曲现实以符合我们已经做出的选择，

[①] 挠痒娃娃效应是指1996年，美国玩具业巨头美泰儿公司（MattelInc.）以经久不衰备受欢迎的卡通动画角色Elmo为原型推出了一款玩具——挠痒娃娃。玩具腹部和腋下有传感器，被人"挠痒"的时候会发出笑声。圣诞节时商店中只有少量的挠痒娃娃在售，从而导致其很快脱销。——译者注

这就是爱默生（Emerson）[①]所说的"愚蠢的一致性"。而"二手车推销员"称之为金矿。他们为了让你乖乖听话，已经准备好要驱使你脑袋里的小妖怪为其所用了。

"愚蠢的一致性"是一种心理学原理，是指人们试图保持他们的行为和态度之间的内在一致性。对于这一点，在你认真思考时就已经很难做到了，何况在勒索者混淆了你对自己和态度的感受、让你一点一点地突破自己的底线之后，这种内在一致性就几乎不复存在了。

塞拉在她的一群朋友中扮演着道德仲裁者的角色。如果你不够环保、政治不够正确，或者对于正派的慈善机构不够慷慨，她就会指出来——还会告诉其他人。

塞拉最喜欢的慈善机构就是她自己。为了回报她的认可，她的朋友们需要帮她完成项目——把募捐而来的物品拿到她的院子里销售，甚至还要出钱购买。

几年后，她的朋友们开始意识到，他们与塞拉的关系成本太高，但他们已陷得太深，如果他们试图走出去，他们不仅会失去塞拉的认可，还会失去其他朋友的认可。每当收到塞拉发来请求他们做事的电子邮件时，她的朋友们都会暗自叹气，但还是会去满足她的所有请求。

为了让自己免受认知不和谐带来的伤害，永远不要立即同意别人的请求。你需要些时间考虑一下，这将使你有机会对每个请求分别做决定。如果你说不，那你可以提出为他做其他的事情，从而避免被指责不忠于你们的友谊。买一瓶清洁剂就够了，不用给她当分销商。

照做，否则有你好受

马克的老板看着电子表格，摇摇头说："我不相信这些数字。你知道这会对我们的股价乃至我们的工作产生什么影响吗？你再仔细检查一下，肯定有哪儿不对。"

没有人会明确下达做假账的指令。它总是被包装成一个模糊的请求，话里话外暗藏威胁。

如果某个勒索者把你置于这种境地，那你将不得不认真考虑是否要为此搭上自己的人品。

在这种情况下，你最好的防守办法就是完全按他的字面意思做，忽略他的言外

[①] 拉尔夫·瓦尔多·爱默生（1803—1882）是美国散文作家、思想家、诗人，同时也是美国超验主义哲学的代表。"愚蠢的一致性"出自其最重要的代表作《自立》。——译者注

之意。仔细检查电子表格，如果没有错误，那就实话实说。勒索者不太可能会直接命令你做违法的事情，他们会尽力让自己拥有推诿搪塞的理由。实话实说可能会惹来一些麻烦，但至少不至于让你被起诉。

你可以相信我，因为我是权威人士

勒索者知道人们倾向于听信权威人士的话，这种信任已达到了不顾一切的程度。

斯坦利·米尔格拉姆（Stanley Milgram）[①]想知道为什么看起来正常的人会参加大屠杀，他做了一个有史以来最令人不寒而栗的社会心理学实验。实验表明，即使是正常的人也会向他人实施他们认为可能致命的电击，仅仅因为有人穿着白大褂告诉他们这样做没有问题。绝对的信任能够制造大批刽子手和自杀式袭击者。

另一方面，社会本身就建立在对权威的信任之上。大多数时候，这种信任是有道理的。虽然对于这条通则，谁都能举出几个例外，但实际上，与你的姐夫比起来，那些对他们所谈论的内容有一定了解的人提的建议的确更好。

当今世界有个非常危险的趋势是，我们总是把与自己信念相同的人和掌握真理的人混为一谈。因为世界各地最邪恶的勒索者们每天都在告诉人们，那些与他们信仰不同的人说的话都不可信。

科学的方法曾是反对迷信的堡垒，但遗憾的是，至少对我来说，迷信似乎胜利了，因为似乎"制造"出一位意见相左的科学家，就能否定目前占优势的科学证据。

我曾疯狂地幻想过，在某个地方，有一个由勒索者科学家组成的研究所，他们会说抽烟不会致癌，温室气体不会影响气候，进化论是神话故事，上帝把化石放在地球上是为了考验人们的信仰是否坚定。

为了保护你自己，在你相信勒索者权威人士所说的话之前，自己先去寻找铁证。

诚实是上策吗

这取决于你到底想问什么。如果你是想问诚实是否能使你问心无愧，那么答案是肯定的，而且绝对是。但如果你想问的是诚实是不是赚钱或获得权力的最好方式——好吧，不是。

这可能就是为什么有这么多成功的"二手车推销员"的原因。所以，请小心。

[①] 斯坦利·米尔格拉姆是美国著名社会心理学家，著有《对权威的服从》一书。——译者注

EMOTIONAL VAMPIRES
第 8 章
自大又愚蠢的反社会型恶霸

很少有比被人大声呵斥更令人犯怵的事了。如果你遇到过反社会型恶霸,你肯定知道我在说什么。你也知道,你犯怵不仅仅是因为被呵斥本身,还因为你联想到以后还可能会被人如此对待,或不断在脑海中回放被人吼的情景,或回想自己当时该说而没说的话,所以一直如履薄冰、身心俱疲。欢迎来到反社会型恶霸的世界。

与其他类型的反社会型勒索者一样,恶霸也钟爱寻求刺激。他们选择用愤怒来麻醉自己,而愤怒将他们带入了一个只有强者能生存的原始而血腥的幻想世界中。在那个世界里,他们是强者。事实上,他们的愤怒可能是他们力量的源泉,但也有可能是他们最大的弱点。

反社会型恶霸喜欢权力,但他们并不明白权力的含义。他们对庄重严肃的要员式实权并不感兴趣,因为那种权力要求你必须具备与之相匹配的能力。而对于恶霸来说,刺激来自实际行动。没有任何实权能与直面交锋带来的刺激和恐惧散发出的甜美、狂野的气息相提并论。

反社会型恶霸是动物。好吧,我们都是动物,但是恶霸比大多数人更具兽性。他们用这种原始的力量操纵我们。

攻击的本能

我所说的兽性是指大脑中从恐龙时代开始就几乎没变的比较原始的那部分。愤

第8章　自大又愚蠢的反社会型恶霸

怒和恐惧的模式早已深深植根于我们的灵魂中。

"你这写的什么垃圾！"勒索者理查德咆哮着，把简报扔到玻璃桌上，"笨得只剩半个大脑的一年级法律学生都能比这做得好，我还当你是哈佛大学的天才呢，你还有什么可说的？"

伊桑的心脏跳得像被针扎了的蝴蝶，回应道："我……"

理查德厌恶地摇了摇头。"我告诉你，哈佛精英先生，"他弓着身子指着伊桑训斥道，"如果你再把这种破玩意儿给我，我就把它塞到你的喉咙里。"

瞬间，伊桑怒火中烧。"勇敢面对这个混蛋，该死的！"他在心里向自己大喊，"理查德除了年纪大什么都不是。你能拿下他。"

然后，伊桑想象了一下，如果他真的和公司高管打起来会发生什么。他对于自己的冲动无比震惊，就像真的对着理查德的肚子打了一拳一样。伊桑的脑子不转了，但他还是强迫自己开口说道："这个简报有什么问题？"他还想再多说几句，但似乎已经喘不上气了。

理查德站了起来，虽然他的身高只有一米六七，但还是压迫得伊桑不由自主地蜷缩在椅子上。"如果你不知道哪儿有问题，"理查德说道，"告诉你也没有意义。"

这就是所谓的"战斗－逃跑"反应——我们的祖先在面对人身威胁时常用到的一种方式。没有它，他们就无法生存下来，更无法成为我们的祖先了。当时的规则比较简单：如果危险比你弱，那就置它于死地；如果危险比你强大，那就在它消灭你之前跑掉。

理查德的进攻仿佛直接把伊桑扔到了一个堪称侏罗纪公园的世界里。在那个世界里，理查德游刃有余，而伊森只不过是初出茅庐，尽管他毕业于哈佛大学法学院。尽管哈佛大学法学院也不适合神经脆弱的人生存，但那里的攻击相对要温和一些。

理查德简单粗暴的行动并没有吓倒伊森，但他的确骗到了伊森的大脑。对自我价值的粗暴攻击被伊森误解为一种躯体攻击，而且伊森在生理上已经准备好进行战斗了，而这种战斗对于知识分子来说毫无优势可言。

无论如何伊森都不会真的出拳打人，但在那一瞬间，他却这样想了，随后大脑一片空白。伊森的大脑背叛了他。当他回过神来的时候，理查德已经在拍着胸脯庆祝胜利了。

反社会型恶霸的催眠术

恶霸的催眠方法很粗糙，但非常有效。他们要做的只是攻击你，剩下的事情让你的神经系统自己完成便可。恶霸的攻击可以绕过你大脑中负责理性思考的那部分，并将你置身于史前世界中。在那里你只有三种选择：反击、逃跑或者一动不动被吃掉。这是一个完美的困境：无论你怎么选，输的都是你。你大脑中更先进、更聪明的部分可能会意识到发生了什么，但是此时的大脑已充满了肾上腺素和原始冲动，它们无能为力，只能瑟瑟发抖地看着这场惨剧拉开帷幕。

有一种情况很常见：我们在被恶霸攻击时根本无法思考，也不知道该说什么。这是因为控制思维和语言的那部分大脑已经短路。再没有比与你自己的思维分离更让人孤立无援的了。

恶霸的愤怒引发了你愚蠢且不理智的恐惧。像所有的催眠师一样，恶霸们非常清楚他们想要什么，也知道要想得到所求必须要做什么。

恐惧导致回避。在进行过几轮攻击后，除了偶尔的咆哮，恶霸通常不需要再做什么就能够保持对人的催眠控制，而人们就会让恶霸为所欲为，因为这比正面对抗他们容易得多。

恶霸特别容易发怒，他们会为了获得愤怒带来的快感而找各种理由发火。他们发现，怒火至少能让他们在短时间内获得控制权。从长远来看，恶霸的愤怒最终将毁掉他们。但那又怎么样？即使知道眼前惹你生气的勒索者最终会遭报应，对现在也起不到任何安慰和保护作用。

如果愤怒和恐惧的交互作用经受住了时间的考验，这种状况就会一直持续下去，直到你开始采取措施。可是你又能做什么呢？

如何应对恶霸

关于如何应对恶霸，恐怕许多人都给你提过建议。

你的妈妈可能会说无视他们，他们就走了。但你无法做到无视他们，他们也不会主动走开。他们会时刻围绕着你，不停地找你的茬，直到你觉得自己快要崩溃了，或更糟的是，要哭了。你的妈妈说："棍棒和石头可以打折你的骨头，但言语永远不会伤害到你。"每当有新的嘲讽劈头盖脸砸下来时，你都想知道妈妈到底是在哪个星

第 8 章　自大又愚蠢的反社会型恶霸

球上长大的。

也许你的爸爸告诉你要反击。如果你听从了他的建议，那你就知道恐惧加上绝望是什么感觉了。你和恶霸在操场上绕着圈周旋，你的对手很享受这项运动，而你正想象着最糟糕的战果，生无可恋。

此时，出现了一位副校长，也算得上是个恶霸了。他明令禁止在操场上打架，告诉你如果你打架了，那你就会被开除，即使有人打你，也不要擅自采取行动，而要向办公室报告，听从进一步指示。

作为成年人，你可能在书店里浏览过心理自助类书籍，想从中寻找一些更有用的答案。书里说："站直了别趴下；他不是对你一个人那样；要自信，不要激进。"这可能是些很好的建议，但比 Word 文档里重置边距的指令还难操作。

每个人告诉你的方法都不同。那你如何决定要怎么做？

你所听到的建议都是既正确又错误的。任何策略都可能有效，这取决于你遇到的情况是怎样的，所以所有策略也都可能无效。

与其寻求具体建议，不如只记住一条规则：击败恶霸的地方并不是在操场的尘土之中，而是在你自己的大脑中。如果你负责思考的那部分大脑能够保持清醒，那就算你吓得要死，你也能赢得战斗，重点在于你的大脑怎么想。这就要求你要出其不意，打破这种自古以来的催眠模式。

"我不知道我还能不能忍受继续与他共事。"伊桑说道。他跟凯西和拉蒙讲述在理查德办公室的遭遇时，声音还在颤抖。

"他不是针对你，"凯西说道，"他对谁都那样。"

"你说得对，"拉蒙说，"但我不知道为什么那个畜生的语言暴力伤害了那么多人还能安然无恙。很多同事都因此辞职了。"

"也许你应该跟谁谈谈。"凯西建议道。

"我跟谁谈？"伊桑问道，"理查德是公司高管。唯一能管得住他的人就是上帝。"

"肯定有人能管得住他，"拉蒙说道，"有传言说他正找出路要离开呢。"

"自从我担任助理以来，就有这种传言。"伊桑说道。

他们三个人抬起头，看到诉讼部门负责人洛娜站在门口。她看向伊桑，说道："我听说了关于简报的事情。我来看看你怎么样了。"

"你觉得他能怎么样?"凯西说,"理查德刚刚把他骂得狗血淋头。你们为什么就不管管查德?"

"好问题,我觉得这与男性心理有关。"洛娜对凯西微笑着说道,"不知道你有没有发现,这家公司有很多律师觉得法律行业和海军新兵训练营之间几乎没有区别。他们认为法律事业的成功更多地取决于你有多强硬,而不是你掌握了多少法律知识。很多人,尤其是保守派的人,认为理查德的脾气是让脆弱的小助理们坚强起来的好方法。"

"你拉倒吧。"凯西说道。

"我知道,"洛娜说,"我没说我赞同这种观点。我认为他的行为比一些人意识到的更让我们受伤,但这些人只看重结果,所以在他们看来,理查德还是相当令人尊敬的。"

"所以,你是想说没人会对此采取任何行动。"

"好吧,你可以这么认为,但我觉得你没有抓住重点。重点不是理查德,而是你自己。只有在你陪他玩儿的情况下,他的招数才有效。"

"你这是什么意思?"凯西问道。

"这是你自己说的。我进来的时候听到你说'他不是针对你,他对谁都那样'。"

拉蒙瘫坐在椅子上说道:"你说得倒容易。"

洛娜摇摇头说:"不,这并不容易,一点儿都不容易。"

如何做到出其不意

换个角度,让我们从勒索者的角度来看待这种情况。

首先,恶霸是充满愤怒的人。但如果你问他们,他们会说他们也不想这么愤怒。他们也明白,愤怒就像毒瘾,虽然能带来快感,但也能让他们心脏病发作,摧毁他们的职业生涯,让身边亲近的人离他们而去。

反社会型恶霸对愤怒上瘾。他们停不下来,因为他们总是被大脑中的化学物质所驱使。恶霸从不认为愤怒是他们有意为之,而认为是别人强加给他们的。在他们看来,他们只是想做好自己的事情,但后来一群白痴做了蠢事,搅乱了他们的生活,以至于他们不得不发火。和你一样,恶霸也体验了肾上腺素激增引发的"战斗-逃跑"反应,而他们选择了战斗。

第 8 章　自大又愚蠢的反社会型恶霸

恶霸们说，他们不是在找碴与人发生冲突，只是他们不愿被别人牵着鼻子走。实际上，当他们生气时，他们并不把别人当人看待，而把他们看作障碍，或更严重一些，是对他们尊严的威胁。纵观历史，那些臭名昭著的侵略都以维护名誉为名。

如你所想，这样的世界观让恶霸卷入了很多纷争，从而又加剧了他们的愤怒。当普通人发火时，他们会怀疑自己的感受并且克制自己，而恶霸不是。他们沉浸在自己的愤怒中，宣泄至极致。事后，他们也可能会感到后悔，但在这一刻的冲动中，他们沉迷于原始的战斗激情无法自拔。

恶霸们不计后果地追求刺激。如果你留心观察恶霸们的生活，你会一次又一次地看到他们挖空心思找碴打架。再加上他们中的许多人都有物质滥用的情况，这更是降低了愤怒的阈值。他们总是会说，嗑药是为了放松。

永远记住，恶霸的发火是要努力改变自己的意识状态，而不是要让你做什么。你所做出的任何本能反应都是他们乐于看到的。无论你是反击、逃跑还是吓得不敢动，恶霸都很开心。你获胜的唯一方式就是做一些出其不意的事，让恶霸离开他们熟悉的原始模式，去思考到底发生了什么。他们讨厌这么做，因为这破坏了他们激昂的情绪。

当然，为了做到出其不意，你必须要做到急中生智。这就是你的母亲、副校长还有这本书所提出的所有建议的核心。只要能让你不停思考，任何建议你都可以采用。

我收到了一位参加过我的研讨会的女性的来信。她说，这场研讨会挽救了她的生命。那天，听完我的演讲之后，在回家的路上，一个手持刀具、戴着滑雪面具的男人在停车场和她搭讪。她没有惊慌，而是问自己："伯恩斯坦博士在这种情况下会怎么做？"然后，她决定使出全身的力气尖叫，同时跑向车库另一端的一群人。这可不是我在研讨会上教过的技巧。她说，救了她的是思考自己要怎么做，而不是引发自己的"战斗－逃跑"反应。无论这是否和我有关，我都非常高兴，为她的英勇之举感到自豪。

如果你在路上遇到一个恶霸，在不选择反击、逃跑或吓到浑身僵硬的情况下，你会怎么做？你要做的第一件事就是质疑你的假设。谁说你只有三个选择？

理查德冲进大厅，两眼通红，十分激动。凯西的胃开始颤抖，身材瘦小的她已经预见到了接下来的暴风雨。

"是谁把证词贴在大会议室的？"理查德咆哮着。

凯西试图让自己的声音保持冷静，说道："两周前我申请的，有问题吗？"

理查德举起双手，摆出一副祈祷的姿势嘲笑道："她问有没有问题？有问题！有个该死的问题！我请了六个从日本来的专家，他们10分钟内要来这里进行合同评审。如果这些人不能去大会议室，他们就会觉得自己受到了侮辱，觉得没有面子。所以，如果你只是要弄一个无聊的小证词，那就把你的东西从大会议室里拿走，到小房间里去做。马上就去！"

凯西感到浑身肌肉紧绷，如芒在背。她强打精神站了起来。

接下来该怎么办？

你大脑中的原始部分告诉你，愤怒的人凶猛且危险，但他们也很愚蠢，不管他们在其他领域有多出色都是如此。如果你使用大脑的思维部分代替你的原始本能，那么你将获得大约50个智商点的优势。如果具备这样的优势，你都没法获胜，那你还是退出吧。

然而，当恶霸攻击你时，冷静思考并不容易做到。

在那痛苦的一瞬间，凯西在过去32年中所经历的一切都涌上心头，互相矛盾的情感冲击着她。

这不公平！我申请了房间！抗议也无济于事，因为存在这样一条潜规则：最后得逞的总是块头最大、最强壮、最疯狂的人。

"友善点儿，亲爱的，照他说的做吧。"凯西母亲的万能微笑像启明灯一样照耀着她，引诱她走向并不那么安全的浅滩。

"他不是针对你。"这条她听了一千遍的建议像背景音乐一样在脑海中播放，但如同外语歌一样，对凯西来说只是一串完全听不懂的字符。

"躲起来吧，一切就都消失了。"当罪恶的魔爪把她从床下拖出来时，这个小可怜嚎啕大哭。

"比起'如果我说些什么他会怎么做'，'如果他不这么做，我就要采取行动'更加重要。"

"但变成公司高管的敌人，我能承担得了吗？"

"做点什么！就现在！"

第8章	自大又愚蠢的反社会型恶霸

"'他不是针对你。'对,有道理。"

"也许我可以去一家压力没这么大的小公司工作。"

"不要让那个男人欺负你!这关乎尊严!"

"不,并不是。"

慢慢地,凯西的大脑像是一个不常使用的大门上的生锈的铰链一样,嘎吱作响,她的头脑开始变得清晰:这件事错的不是我,有问题的是他。

当她把注意力从自己身上转移到理查德身上时,她看到一个可怜的老人正在当众出丑,他的粗心大意可能会影响他在一个大客户心中的形象。他恃强凌弱的行为其实与她无关。除非她完全失控,否则她的声誉不会受损,受损的是他的声誉。

他不是针对你。

突然之间,这几个字有了意义。凯西感觉这几个字在她的身体里兴奋地鸣响,嘶嘶地冒泡,就像有人正在嘻嘻哈哈地笑。

不知为何,她突然傻傻地想到了苏斯博士(Dr.Seuss)①的几句话:

"然后发生了什么呢?②"

"后来啊,呼威尔镇的人们说,那天格林奇的小心脏变大了三倍。"

凯格知道,嘻嘻哈哈的笑声就是心脏在变大、成长的过程中发出的声音。理查德的小脾气对她来说不再是个问题。

面对愤怒,她微笑着说道:"顾问,我好像听你说想让我帮个忙,但我不确定你是不是这个意思。你能换种方式再说一遍吗?"

这个小故事告诉我们,为什么心理治疗师和自助类书籍要提供各种各样有用的建议。我不是要教你怎么做——同样的建议你可能已经听过千百遍,我只是想让你知道,你能做到。

所有的解释和案例,都是为了帮助你充分理解困难的情况,并从中发现解决问题的可能性。当你走出旧模式,选择一些新奇、出其不意的方式应对时,你的心灵

---

① 苏斯博士是美国20世纪卓越的儿童文学家、教育学家。他曾获美国图画书最高荣誉凯迪克大奖和普利策特殊贡献奖,并两次获奥斯卡金像奖和艾美奖。——译者注

② 然后发生了什么呢? :源自苏斯博士的童话故事《格林奇是如何偷走圣诞节的》(*How The Grinch Stole Christmas*),主人公格林奇(Grinch)是一名心胸狭隘的隐居者,他的心脏只有正常人的四分之一大,住在克朗皮特山的山洞里。圣诞节将至,山下的呼威尔镇洋溢着节日气氛,格林奇怀恨在心,要剥夺他们过圣诞节的权利,于是他把镇上的圣诞物品洗劫一空。但格林奇发现即使没有礼物,村民们欢笑依然,格林奇便渐渐明白,快乐来自精神而非物质。"然后发生了什么呢?"他的心脏变成原来的三倍大,不再小心眼,与村民共度圣诞节。——译者注

就会获得成长，即使这个过程令人恐惧，充满艰辛。

这个过程越令人恐惧，越充满艰辛，你成长的速度就越快。如果你不相信我，那你可以问问凯西。

要击败恶霸，你必须保持冷静，并运用你的智慧。下面这些建议可能会对你有所帮助。

提出请求：请给我一点时间思考一下

只有在原始丛林中，你才必须立即回应攻击。恶霸就是想把你置于这样的境地，但没人规定你必须跟着他的想法走。

如果你需要一分钟来思考问题，那么正常人并不会因此而愤怒。你的行为说明你很认真地在对待问题，并希望处理好。此时，为了让你立即以情绪化的方式做出回应，勒索者可能会尝试一些其他的策略。他们就是想打架，而不是和你理智地讨论问题。他们可能会把你的沉默误解为你被吓呆了，你可能的确是被吓呆了，但不必让他们知道。

不管你当时有什么感受，让他给你几分钟的时间来思考问题，这种做法通常会让人意想不到，也许可以将你们的对抗终结于此。无论如何，在你做出回应之前，花点时间思考。

思考你想让事情如何发展

在你利用这几分钟思考时，请考虑那些合理可行的方案。马上放弃所有有关"让恶霸做出让步，并承认你是对的"的想法。正确和有效不可兼得，切不可冒险尝试。

让恶霸停止大喊大叫

其实这比你想象的要容易，只要保证自己的语调温柔就能做到这一点。恶霸们就是想激怒你，切不可满足他们的这一想法。如果你们二人都在大喊大叫，那么最终败下阵的人只会是你。

让恶霸停止咆哮还有一个意想不到的方式，你可以说："请慢一点说，让我理解你的想法。"对于这类请求，通常人们会不经思考就照做，并且在降低语速的同时也会降低音量。你试过慢条斯理地咆哮吗？这个策略在打电话时尤其奏效。

打电话时，还要记住"嗯"规则。当对方换气的时候，我们通常用"嗯"来回应。

如果他换气三次都没听见你说"嗯",他就会停下来问:"你还在吗?"这种技巧可以让你一个字都不用说就能打断对方的话。

无论你做什么,都不要解释

遭到反社会型恶霸的袭击时,你可能会有种强烈的冲动想解释自己的行为。不要这样做!解释是你的原始脑区做出的最本能的反应。解释通常意为变相反击或逃跑。典型的解释可以归结为如下几种:"如果你知道所有的事实,你会发现我是对的,你错了。"或者"这不是我的错,你应该对别人生气。"你的解释对你来说似乎是真实合理的,但这并不重要。恶霸总能识别出你开启了应对攻击的原始模式。勒索者会将你的解释看作你把钱包亮出来,邀请他们干一票。

问他:"你想让我怎么做?"

想阻止勒索者的袭击,没有什么能比这个简单而出人意料的小问题更有用了。愤怒的人要么不知道自己要做什么,要么不想承认自己想做的事。恶霸想做的,就是让你站在那里,听他们大声嚷嚷。但这种要求要亲口说出来就未免太愚蠢了。

当你问愤怒的人他们想要你做什么时,他们必须停下来思考。这足以让他们开始动脑筋思考问题,而这无疑对你是有利的。如果恶霸试图掩盖他们真正的动机,那他们将不得不要求你提供一些更能让人接受的东西,而那往往不是他们真正想要的。那就给他们吧,然后全身而退。

不要认为他们的批评是针对你

这条很难做到。要遵循这个建议,你必须明白"针对你"是什么意思。

我们所有人都拥有身外之物——我们的孩子、我们的宠物、我们最喜欢的运动队、我们的观点和我们在工作上的好主意——它们就像我们身体的一部分。对我们来说,别人对这些事物的口头贬低,与对我们重要器官的物理攻击没有什么区别。但这并不意味着我们必须以"你死我活"的本能反击来应对每一次批评。

如果你正在遭受恶霸的攻击,现在是时候采用反勒索者的头号战略了——停下来思考到底发生了什么事情。应对勒索者时,你感觉到的很少是他想表达的。恶霸的攻击不是针对某个人的,他们对谁都是大吵大嚷的。仔细想想你就会发现,攻击的原因并不是与你产生了什么冲突,而仅仅是因为他们本身就是那样暴戾的人。因此,为了不让自己受到伤害,你必须超越原始的情绪反应,看清这种模式,并从中走出来。

从批评中吸取教训

除了攻击，批评也会包含一些有用的信息。不是每个批评你的人都是恶霸。当你从几个不同的来源处听到了同样的话时，要特别警惕。我的祖父曾经说过："如果三个人都说你是匹马，那就去买个马鞍吧。"

如果你等待 24 小时再回应批评，那么勒索者一定会抓狂，而其他人会对你的成熟和理性刮目相看，你甚至还能学到一些东西。

如果你必须要批评某个觉得别人事事针对自己的人，那就要转换角色了。给他讲明道理，这样他既能听取你的意见，又不用承认自己犯了错，要给他留个台阶下。可以明白无误地告诉对方，任何一个明白事理和受人尊敬的人都会那样做。你的建议要用于改善事态发展，而不是指出错误。专注于你想要的事态发展方向，而不是纠结已经发生了的事情。正如我们将在后面的章节中看到的，如果你想以勒索者们能够听取并接受的方式批评他们，那这种技术堪称无价之宝。

EMOTIONAL VAMPIRES

第9章
生活中的反社会型勒索者

如果你的生活中有一位"二手车推销员",那么无论他是你的配偶、朋友还是成年子女,最难对付的就是他的谎言。怎么才能知道你该相信什么?诚实难道不是爱的一部分吗?你身边的亲近之人怎么能够一边发誓要真诚相待,一边对你说谎呢?

与骗子共同生活

所有的情感勒索者都会说谎,他们会根据不同的理由来编造不同的谎言。

诚实的人更容易受到谎言的伤害,因为他们很少有或没有说谎的经验。如果他们犯了大错,那他们常常会无比难过,自责不已。所以他们相信,情感勒索者做错事时也是如此。

对于诚实的人们来说,是非对错与强烈的内在强化联系在一起。当你做一些你认为是错误的事情时,你会感觉很不好。而对勒索者来说,做错只是不可避免的偶然事件,做错事情唯一不好的地方就是被发现了。

为了保护自己免受情感勒索者的欺骗,你必须学习更多关于谎言的知识,虽然你可能并不想知道这么多。

有关谎言的真理

你最有可能想知道的是如何判断某人是否在说谎。

你需要知道的不是如何区分谎言与真相，而是如何保护自己免受谎言可能对你造成的伤害。

你需要设置的第一道防线是，要明白，不同的人撒谎的理由不同，因此我们需要采取不同的策略来保护自己。以下是一些谎言类型，并大致根据其潜在的危害级别进行了排列，从善意的小谎言，到恶意的弥天大谎。

- **善意的小谎言。** 当真相可能伤害你的感情时，某人可能会和你撒个善意的小谎，比如"你的新牛仔裤并没有让你的屁股看起来很大"。保护自己的方法是，如果你不想听到真实的答案，那就不要去问，或者即使答案可能让你受到伤害，也要允许他人说实话。关键看你怎么选择。
- **"狗吃了我的作业"类谎言。** 这是典型的青少年谎言，经常被冒失鬼型勒索者使用，以及那些我们将在后面章节中看到的、认识到自己犯了错的强迫型勒索者也会使用。这种谎言仅仅是为了避免直接面对负面后果而做出的徒劳尝试。保护自己的方法是，不要在意狗，也别纠结这个人有没有说谎，而是让他把作业拿出来给你看看。
- **镶着花边的"粉色"谎言。** 这是表演型勒索者钟爱的典型的女性谎言。这种谎言通常是为了避免拒绝可能带来的冲突和不愉快。比如，"我很想去，但我的纤维肌痛症发作了。"保护自己的方法是，要明白，除了慷慨地同意外，其他反应都意味着不同意。
- **男子气概的谎言。** 男性反社会者和自恋者通常会说这种谎言，以显得自己男人味十足。比如"如果有人这样对我，我一定会把他们打得满地找牙。"应对这种谎言无须展开防御，含糊地表示同意即可。而如果说这话的人是个恶霸，那这可能就不是一个谎言了。
- **乐观的谎言。** 这是你向自己说的关于自己的谎言。一个很好的例子是"我从不说谎"。
- **霓虹灯式的谎言。** 每个人展现出的个人生活细节都会比实际情况更加夸张，其目的各不相同。如果仅仅是为了娱乐，那就坐下来享受吧。而如果目的是说服谁，那就在听到时多长个心眼儿。
- **只要张嘴说话就是谎言。** 这种谎言常见于需要在一定程度上迎合他人的职业中，比如律师和政治家。这些职业的特殊性在于，如果他们与你的意见不同，那你就会觉得他们卑鄙。当他们与你的意见一致时，你就会认为他们说的是事实，所以他们常常说谎。唯一的保护方法就是拥有自己的律师，或者自己独立查清事实。

- **爱国类谎言**。这种谎言有着非常充分的理由，如维护国家安全或家庭幸福。举个例子，比如"我们不滥用刑罚"或者"不，你父亲和我从不吸烟"。通常，这类谎言的出现就是为了避免尴尬。保护自己的唯一方法是，要意识到有些话题我们根本就没有在讨论。
- **灰色细条纹**①**谎言**。这是一个典型的、可预见的商业谎言，通常出现在自恋者制作的幻灯片、装帧精美的招股说明书或年度报告中。因此，如果你想了解有关企业的事实，可借鉴对冲基金经理的做法：去问与该企业做生意的人。
- **刻在石头上的谎言**。这种被强迫型勒索者和偏执狂所钟爱的谎言有无数的表现形式。这种谎言声称世界上的一切都非对即错、非善即恶、非黑即白。为了保护自己，不要看石头上刻着什么，而去看看石头本身，它跟我们大多数人的人生体验一样，是灰色的。
- **恶意的弥天大谎**。这是一种主动的、故意的、具有伤害性的骗局，是骗子们出于谋利做出的。比如，"就像里程表上显示的，这款车的里程数只有三万英里。"

这是最危险的一种谎言，大多数时候说这种谎的都是"二手车推销员"和恶霸，以及我们后面将会看到的自恋者和偏执狂，这几类情感勒索者为达到自己的目的，会肆意伤害他人且毫无心理负担。不幸的是，没有办法能保护自己免受这种谎言的伤害，因为说这种谎的人通常骗术都很高。最好的防守就是了解骗子使用的策略和技巧，并且认清他们的真面目。你的第一道防线永远是问自己："他为什么要跟我说这个？"如果你无法回答这个问题，那就停下来仔细思考，直到想通为止。也许你需要重温一下"'二手车推销员'的催眠术"这个部分。

你应该设置的第二道防线是，不要将弥天大谎与危害较轻的小谎混淆。

完成了这几步之后，你就已经做好迎战骗子们的准备了。

怎样识别某人是不是在说谎

正如我所说，想知道某人是否在说谎没有万无一失的方法，除非你能够独立验

---

① 灰色细条纹是指西装的花纹，美国企业员工着装多为灰色细条纹西装，在此借指企业。——译者注

证与谎言相关的事情。不要把测谎仪和手机上那些闪烁着不同颜色的测谎软件当回事，这些设备的原理是人们说谎时会产生生理反应。通常只有不常说谎的人在说谎时才会产生焦虑，生理状态才会发生改变。整天说谎的人在说谎时是毫无情绪波动的。而最危险的骗子们根本不会自己说谎，他们会培养别人代劳。

尽管如此，如果你还想尝试进行识别，那这里有一些根据说谎者行为的心理研究得出的指导方法，也许可以用来帮助你区分真相和谎言，但使用时请慎重。

- **谎言可能比真相模糊。** 细节越少，核实就越困难。因此，话语的模糊程度越高，就越有可能是谎言。小心那些不直接回答问题的人。
- **谎言往往比事实复杂。** 记住奥卡姆剃刀原理，最简单的解释通常是最真实的。骗子可能会编造多余的外围细节，以避免被怀疑。永远记住，有些事情可能发生并不意味着这些事情真的发生了。
- **只有说谎者会发誓他们说的是事实。** 实际上，说实话的人很少担心别人会不相信他们，所以他们一般不会起誓。
- **说谎者完全可以看着你的眼睛。** 这方面的研究非常充分。说谎者可能会利用"说谎的人不敢与你对视"这种广泛的误解。所以，与那些说实话的人相比，说谎者可能会与你进行更多的目光接触。
- **骗子往往能从谎言中受益。** 如果这样做没有任何收获，那为什么要给你编故事？某个人越是能从你的信任中获益，你就越要加倍小心。这就是你必须时刻问自己"为什么这个人要跟我说这些话"的原因。
- **说谎者通常是惯犯。** 有一句谚语说得好："骗我一次，丢脸的是你；骗我两次，丢脸的是我。"
- **如果一件事听起来完美得令人难以置信，那么这件事就不是真的。** 这是辨别真假的最可靠的方法，但却用得最少。因为骗子们知道，如果你想听什么，他们就说什么，那么不管他们所说的有多么不可能，你都很可能会信以为真。

为了保护自己免受骗子伤害，你应该了解骗子的作案流程

"二手车推销员"知道如何有效地说谎。为了保护自己，你也应该知道。并不是说你要用他们的伎俩来欺骗他人，但知道他们的手段是避免被其伤害的最好方法。

最危险的就是工于心计的骗子。他们会全面规划自己的行动，评估收益与风险之间的关系，并根据他们想要达成的目标为你量身定制谎言。这些家伙不会说"狗吃了我的家庭作业"之类小儿科的谎言。他们是专业的,以下就是他们的"作案流程"。

- **了解目标。** 有时候骗子想获取他人的信任,而有时他们并不在乎能否得到你的信任,他们只是希望你交出他们想要的。
- **评估时机。** 工于心计的骗子很清楚,哪些情况下时机已成熟,行骗不会被抓住。说谎者通常不在乎你是否知道他们在说谎,他们只是想确保你不能证明他们说了谎。在以下情况中,他们更容易说谎:
  ➢ 当你在抱怨别人时;
  ➢ 当你没有明确的途径去核实时;
  ➢ 当其他人在说谎或试图掩盖某事时。
- **人们想听什么,他们就说什么。** 骗子认为每个人都和自己一样行事:一切为了自己的利益。通常情况下,他们是对的。所以,你哪怕有一丝一毫的私欲,骗子都会找到并利用它为自己谋利。你唯一的防守办法就是不要自己骗自己。
- **培养"作案对象"。** 每个压榨别人的人都知道,要慢慢开始,一步一步谋划。性侵往往从触摸开始,而施虐者往往从说些刺耳的话开始。骗子们都知道,如果他们的小骗局能够得逞,那以后撒了弥天大谎也可以逃脱。所以他们通常从小处着手,徐徐图之。
- **充分运用想象力。** 最成功的骗子会使用与作家相同的技巧。他们杜撰故事,然后编织所有的细节和线索。因为谎言要想被接受,就必须融入一个可信的叙事背景之中。一旦骗子编造了一个故事,他们就会特别投入,并将故事讲述得无比真实,甚至自己都会美美地回味。
- **给自己的行为盖上"遮羞布"。** 情感勒索者会故意去做自己明知道是错误的事情,然后通过隔离的方式来安抚自己的良知。他们一次只专注于一件事,并假装这件事是完全独立存在的,与他们生命中的任何事或人都没有任何关系。骗子也善于说服自己,告诉自己方法不重要,重要的是结果。
- **尽可能多地重复谎言。** 人们听到的次数越多,就越有可能相信。
- **如果被发现了,就赶紧换个话题。** 即使是最老练的骗子有时也会被抓到。这时,他们会使用各种技巧来分散他人的注意力。这里有一些常用招数:
  ➢ 开始生气;
  ➢ 坚决不承认说谎。把说谎说成别的东西,比如判断力差;或者无论你说什么，他都坚持声称自己说的就是事实；
- 找各种理由证明其行为是正当的；
- 指责那些指责他们的人。被抓到的骗子会试图狡辩说你是错的，试图让你明白"两个错误加在一起就是正确"，毕竟负负得正；
- 声明自己有行政特权。

这些就是骗子的手段。如果你想保护自己免受谎言的伤害，那么"二手车推销员"和其他类型的情感勒索者会让你明白，最好的防守就是要对骗局有更深入的理解。

只有你自己可以决定你愿意经受多少次欺骗。

生活中的恶霸

恶霸极具爆炸性。为了避免被炸飞，你必须了解愤怒——愤怒是什么、愤怒是如何运作的，以及如何应对愤怒。

住在雷区

如果你嫁给了一个恶霸，那你肯定知道生活在雷区是什么滋味。一丝一毫的失误都可能会导致爆炸。这种爆炸可能指向你，或者你的孩子甚至是无辜的生活用品。

"这个愚蠢的烤面包机出了问题。"斯科特说着，同时从墙上拔下插头，开始笨手笨脚地摆弄面包机的手柄。

"这东西卡住了。"

"也许你应该在时间充裕的时候再弄这个。"虽然知道他不会听，但贝瑟尼还是建议道。

斯科特的动作变得更加毛躁。作为对贝瑟尼的回应，他自言自语地咒骂了一句。贝瑟尼清理好厨房，已经预料到接下来会发生什么。就在她关上门的一瞬间，她听到了烤面包机摔到地板上的声音。

如果这样的场景在你的生活中出现过，那你就会知道时时刻刻如履薄冰，不知道下一个雷何时爆炸到底有多么折磨人了。

其实，如果你能静下心来想一想，就会知道下一个雷在哪里了。在雷区生存的方法是认识到你就住在雷区里。

如果你足够留心，你会发现爆炸并非随机发生。

第9章　生活中的反社会型勒索者

　　爆炸总是围绕着特定的话题。勒索者设置地雷以防止他人提到这些话题。随着时间的推移，家庭中的每个人都能够识别并避免这些雷区。但同时，这样做也意味着，暴怒的恶霸及其他类型的情感勒索者尽其所能地发脾气，是能够得到好处的。

　　雷区技术是所有勒索者对他们身边的人施加控制的最常见的方式。为了避免被"炸伤"，你学会了不去要求他们做任何他们不想做的事，或者不去提及他们不想谈论的任何事情。因此，我们将以恶霸为例来详细研究雷区技术。因为，与其他勒索者相比，恶霸们是使用这一技术的行家里手。成千上万的男性恶霸已成功地使用了雷区技术来摆脱做家务。

　　贝瑟尼看着时钟，突然从桌边站起来说道："我现在必须换衣服，不然就迟到了。今晚是纸牌之夜。"

　　斯科特脸上的表情预示着暴风雨的来临，他不满地问道："那谁来洗碗，谁来给孩子们洗澡？"

　　"我以为你……"

　　"你以为！你有没有问过我今晚有没有计划，就让我给你的车换火花塞！"

　　"你明天晚上换就行。你知道每月的第一个星期三是纸牌之夜。我在日历上标出来了。"

　　"说得就像我会看你日历上写的那些东西似的。"

　　"所有的事情都写在上面，这样我们就会知道我们要去哪里做什么事。"贝瑟尼一边说，一边朝卧室走去。

　　斯科特起身，像清理施工现场的推土机一样把碟子从桌子上推了下去。在碟子稀里哗啦的声音中，他大声抱怨，足以让卧室里的贝瑟尼和孩子们听到。"还是你厉害，我每天工作10个小时，然后回家继续工作，这样公主殿下就可以和她的朋友一起喝酒赌博了。"

　　他不停地戳贝瑟尼的痛处，比如她没有他挣的钱多。她从卧室里冲出来，手上还忙着扣衬衫的扣子。"你觉得我不工作？我和你一样有工作。"

　　"哦，对不起，"斯科特说道，"但是我从工资的数额上看不出来，你上个月赚了多少，800美元？"

　　"斯科特，你知道女儿们病了，我差不多整整一周没去上班。"

　　斯科特的策略很简单，虽然他可能是下意识做到的。当被要求做一些他不想的事情时，他尽可能从多个角度进行挑衅，希望贝瑟尼能参与争论。两分钟内，他把他所能想到的、所有可能的争端都提了一遍。总体策略是，要求他做任何事情都会导致自己特别不开心，最终她就不会让他去做什么了。这样几次之后，她就会宁可放弃参加纸牌之夜，也不会要求他帮忙做家务了。

愤怒之人的思维方式

尽管斯科特的策略显而易见，但正如我所说的那样，这可能是下意识的行为。愤怒的人通常不知道他们正在用自己的愤怒来操纵他人。他们甚至不把愤怒视为他们所做的事情，而视为对他人错误行为的自然反应。

他们的内部对话几乎全是不断重复的不满。

"我有没有权力生气？我当然有！"然后他遇到过的不公正事件的播放列表就开始滚动了。

愤怒之人将自己的爆发当作一场爆炸，瞬间发生又瞬间结束。这种做法很方便，但完全不正确。愤怒的人可能会意识到引起爆炸的行为，但他们不知道他们的头脑是充满爆炸装置的武器库。

当斯科特计划中的不受干扰地修修东西再看看电视的夜晚受到威胁时，他就会感到肾上腺素飙升，他大脑中的播放列表立即开始滚动，重现贝瑟尼所做过的每一件烦人的事情。他需要做的只是打开外部扬声器，播放那个预录好的争吵大纲，其中充满行之有效的方法引她上钩。除此之外，他不需要考虑任何事情。

斯科特正在做的明显是不公平且操纵他人的事，但却很有效。如果贝瑟尼指出它的不公平和操控性，效果会更好，因为他会在播放列表里再添一项："总跟我说那么多什么心理学的废话。"

如果一个愤怒的人在你的生活中埋下了地雷，那么现在是时候制定一些你自己的策略了。下面的这些建议可能会帮助到你。

- **在争论开始之前先制订计划。**一旦炮火四起，你将很难与自己的大脑皮质进行交流，因此你最好事先制订计划。
- **绘制雷区地图。**什么行为和话题会引发爆炸？在斯科特的案例中，任何让他帮忙做家务的建议都是重点雷区。你可以通过问自己最怕谈起的是什么话题来找出危险区域。大多数婚姻雷区都围绕着花钱、性爱、空闲时间的使用以及最常见的问题———方认为另一方正在试图掌权。一旦争论开始，所有这些问题都会像弹药一样被拖到前线。而在战斗的硝烟中，你很容易感到困惑——自己究竟是在打什么。

- **择战而赢，一次只参加一场战斗。** 思考一下你希望事态如何发展，并专注于此。你的目标应该是表达出希望愤怒的人做什么，而不是让他们不要做什么。如果贝瑟尼专注于说服斯科特做家务，而不是让他不要一提起家务就生气，那么战斗会容易得多。积极的目标意味着你需要采取一些行动来实现它们；消极的目标往往只是一个愿望——希望自己可以一成不变，而另一个人会奇迹般地发生变化。

- **有效的进攻是最好的防御。** 一旦明确目标，你可以选择如何以及何时将它提出来。确保有足够的时间和空间来使用策略，而不要与一只"困兽"谈判，也不要在另一个人要出门时抛出重点话题，更不要在车里或床上讨论容易让人不满的问题。如果你的生活中有一个愤怒的人，那就与他商量好，把以上这些地点定为非军事区。让斯科特这样的人做家务最有效的方法就是，事先跟他商量，并根据情况讨价还价。但根据我的经验，女性很难做到这一点。对于女性而言，家务是一个持续的过程，没有开始或结束。她们看到需要做的事情就会去做，做完一件做另一件。没有人告诉她们去洗碗，把地毯抽成真空收好，或洗一堆衣服。她们看到任务就会去完成，两个行动之间几乎没有间隔。男性通常无法达到这种意识水平。但女性可以教他们去做家务，告诉他们做什么，在哪里做，什么时候做，但不需要要求他们如何做，回想一下前面说过的值班策略。而有个目标是你无法达成的，或者无法一蹴而就的，那就是让男人的家务做得像你一样好。这完全是另一个目标。你在祈祷他们能把家务做得井井有条之前，必须先让他们动起来去做家务。请记住，一次只参加一场战斗。

"斯科特，"贝瑟尼说道，"我需要大约15分钟谈一个重要的问题，现在这个时机合适吗？"

斯科特的脸已经开始变红，回答道："什么问题？"

贝瑟尼笑笑说："如果现在时机合适，我很愿意告诉你是什么问题，但如果你准备去做别的事情，那我们就改天再说。"

"你玩的是什么操纵人的把戏？"斯科特说道，"你就告诉我你想谈什么。"

注意贝瑟尼是怎样干净利落地为讨论关上了至少一扇后门。斯科特让贝瑟尼告诉他她想谈什么，就意味着他承认自己有时间倾听，即使愤怒的人通常也会遵守谈话规则。另一件要注意的事情是，在与一个愤怒的人打交道时，每个词都可能有左右局势的力量。为了打赢战斗，你必须慎重，密切关注对方正在说的内容，并仔细斟酌你要说的每一个字。

- **不要被愤怒的佯攻调离阵地。** 愤怒的人最喜欢的策略就是让你也生气。他们比你更有战斗经验，所以不要与他们"硬碰硬"。贝瑟尼很好地忽视了斯科特的面部表情和对她操纵他的指责。她明白，那些只是佯攻，与她的目标毫无关系。随着她离自己的目标越来越近，指责的炮火就越来越密集。如果战况太激烈，她可能会选择撤退，择日再进行战斗。

- **要提问，不要陈述。** 在战斗中，你需要尽快占据制高点。与愤怒的人争论时，有几种不同形式的制高点，但其中大多数对实现你的目标都没有帮助。如果你追求道德高地（比如"我是好人，你是坏人，所以你应该照我说的做"），那你的目标永远无法实现。因为你摆了一个死局：如果愤怒的人按照你的要求做了，那就等于承认自己错了。通过提问来赢得对话的制高点的方法更有用，也更隐蔽。如果你提出一个问题，那么为了继续谈话，对方必须回答这个问题，这一条堪称铁律。如果你不断提出发人深思的问题，那你就可以掌握对话的控制权，也许还能鼓励愤怒的人思考，而且这个方法不会对任何人造成伤害。还有一种提问的方法也很有用：把对方无意识的想法说出来。有些想法可以在内心深处存在，但是难以说出口。斯科特的行为表明，他不应该对任何家务负责，但他不能大声说出来，否则他自己都会觉得自己听起来就像一个大男子主义者。提问是一种简单而有效的策略，但在前几次尝试时，你会发现使用起来非常困难。因为地球上每个愤怒的人都知道这个策略，而且还会应用。

"斯科特，"贝瑟尼试探性地说道，"我们似乎总因为家务活吵起来。我认为我们需要制定一些关于分工的基本规则。"

"为什么要这样做？"

"为了避免争吵。"

"如果你别在我看到一半季后赛的时候唠叨我，让我倒垃圾，我们就能避免争吵。"

为了掌握对话的控制权，一方面，第一个问题需要由你提出，并且要控制自己

第 9 章　生活中的反社会型勒索者

不要条件反射地回答对方提出的问题。另一方面，要注意全世界占统治地位的人最喜欢的策略都是提问——"你为什么有这种感受？""你为什么想要这个东西？"永远不要回答"为什么"之类的问题！那样只会使你们的讨论转变为对你观点的攻防战，而你原来的陈述就变成了试探性的提议，除非你的理由足够充分，不然你肯定会被驳斥得体无完肤。当发生这种情况时，你会感觉到，似乎你的话被对方从语境中剥离出来并加以曲解。你的感觉是正确的，"为什么"之类问题的目的就不是为了理解你的观点，而是为了从你的话中提取可供曲解的字眼。如果你不回答，就没有什么可扭曲的。请记住，"为什么"之类问题的答案是一种解释，而解释总会让愤怒的局面变得更糟。清除雷区可能需要进行多次尝试。如果你踩到了地雷，那就不要停下来争论无关紧要的问题，暂且撤退，择机再来。

贝瑟尼一边举起双手微笑，一边慢慢后退。"我看现在不是讨论这个问题的好时机，我们改天再说。"

"为什么现在不是好时机？"

贝瑟尼摇摇头，仍然微笑着说："你真的要问吗？"

提问的人握有控制权。你觉得为什么心理治疗师很喜欢用提问来回答你提出的问题？我可以向你保证，不是因为我们不知道问题的答案。

另一天。

"亲爱的，你觉得你做多少家务比较合理？"贝瑟尼说道。

斯科特大声呼气，在对面的死胡同里都能听到。"我已经做了很多了，我照看院子，修理东西，垃圾也是我倒的。"

"是的，这些都是你做的。但是，你认为这些占每周家务量的百分之几？"

斯科特又开始呼气。"我不知道，你就不能直接告诉我？"

"你就说说吧，我先问你的。我真的很想知道你的想法。"

斯科特想了几秒钟，说道："我想大约有四分之一。你问这个干什么？"

"那你认为我们每周料理家务需要多少小时？"

"你说这些家务活的废话干什么？你想做什么？"斯科特咆哮道。

贝瑟尼微笑着打开幻灯片投影机。"这是我们的家庭任务清单和咱俩平均所花费的时间表。看看这些家务，告诉我，你是否同意这些任务是需要完成的，以及我估算出的用时是合理的。"

- **做好准备工作。** 如果你的客厅里没有幻灯片投影机,那就用纸吧。重要的是,从愤怒的人手中夺回雷区的领土需要做的准备,和你要向董事会做的陈述一样多。你不能即兴发言。你所说的和所做的一切都必须以实现你的目标为核心。

还有最后一个问题,你是否明确知道你的目标是什么,以及你如何才能最好地实现目标。想正确回答这个问题,你需要考虑你所了解到的关于愤怒的所有内容。

贝瑟尼做的幻灯片上评估的时间与实际相比应该:

A. 偏多;

B. 一样;

C. 偏少;

D. 上述全对;

不选 D。这是本书中为数不多的几个答案并非"上述全对"的问题之一。

如果这些数字哪怕被夸大了一点点,就会引发关于这个列表是如何可笑的争论。让人意外的是很多人都选择了"偏多",因为他们不自觉地认为贝瑟尼想用清单证明自己有多辛苦,而忘记了这样一份清单的目的是为了让别人做更多的家务劳动。

如果你说这些数字应该跟实际一样,我原则上同意,但我仍然认为你没有选择最佳答案。不经过客观的工时研究,无法得到准确结果。

请记住,他对你的愤怒与你们的是非观密切相关。与愤怒的人相处,你越觉得自己无比正确,你的处境就越危险。你估计的数据可能有偏差,即使没有,它看起来也可能会有。因此,为了看起来准确,你给出的数据需要明显低于实际值,至少对你来说要偏低。

答案是 C。如果仅仅是为了避免产生关于填表的争论,那么表上的数据应低于实际值,但除此之外还有其他原因。那就是如果斯科特认为任务的估计用时被夸大了,那他的妻子可以让斯科特自己去做一下这项家务,以确保测量时间的公平性。不管结果如何,她都是赢家,最重要的收获是让他也参与评估家务时间的整个过程,以便重新分配家务。

低估时间的另一个原因是,当斯科特最终选择做某项家务时,他实际做的家务会比他讨价还价后选择的家务要多。如果他选择了在他看来简单省事的家务，他的妻子可以通过略微夸大这项家务所需的时间，使其他任务如清洁浴室成为更具吸引力的选择。如果这是你在选 A 时的想法，那给你打个满分吧。

如果你认为我描述的过程是在操纵他人，那么你猜对了。其实每个人都在操纵他人，但并不是每个人都是有意识去做的。有意识的操纵就叫作策略。如果你认为你不需要通过这样的过程来让别人帮你做家务，我也同意。不幸的是，展现我们在眼前的就是一个实然世界，而不是应然世界。在应对愤怒的人时，坚守自己应该做的就是你最大的责任。

- **签订合同。**签合同的原因是人们可能会打破合同。当斯科特选择好他要做的家务时，贝瑟尼应该要求把它们写下来。他当然问了为什么，但她只是摇头微笑，明确的、具有约束性的协议总是必要的。

合同应该规定由谁，做什么事，在什么时候，什么地点，多久一次，以及如果违反合同会发生什么。斯科特和贝瑟尼均同意，如果谁未在限制时间内完成某项任务，那就要每月支付 50 美元，按小时计费支付给完成这项家务的人。之前的抱怨变成了这句话："如果在中午之前没完成，那给我 15 美元我去做。"

贝瑟尼认为，她每月花的这 50 美元是她花过的最有用的钱。

EMOTIONAL VAMPIRES
第 10 章
治疗反社会型勒索者的良方

如果你在自己或你关心的人身上看到反社会行为的迹象，那你应该怎么做？本章会简要介绍一些有用的自助方法和专业疗法。但要记住，永远不要对你了解的人进行心理治疗，那只会使你们双方都病得更重。

治疗的目标

治疗反社会型勒索者的基本目标是克服其对于刺激（和任何其他成瘾物质）的沉溺。引导反社会型勒索者适应社会，需要教他们学会延迟满足、忍受无聊，以及要按照他人制定的规则生活。所采用的方式就是帮助他们建立内部强化，让其内部强化的力量比外部即时强化的力量更加强大。

建立内部强化的方法在以前的动画片里曾出现过：一个人的肩膀一侧站着一个小恶魔，另一侧肩膀上站着一个小天使。反社会型勒索者肩上的小恶魔并不是邪恶的，而是冲动的，他说："现在就要得到满足！"而另一侧肩膀上的天使通常是沉默的。

治疗反社会型勒索者，乃至所有的人格障碍，都需要给小天使一些强有力的信念来推动他前进。这些信念不一定与你的"天使"的信念相同，比如"不能利用别人"。教情感勒索者学会同情他人几乎是不可能的，即使他们假装同情别人，他们也很难感受到这种情绪。

说服勒索者的信念必须用勒索者的语言——利己主义。想让他听进去你的话，天使必须说："如果你听我的，那你就能得到更多你想要的，并且（或者）不会失去它。"设计这样的信念就是心理治疗的艺术。应对反社会型勒索者（至少在开始的时候）需要使用一点技巧。"如果你这样做，就会被抓到"，通常情况下，这个信念就足够了。

愤怒控制疗法

愤怒控制疗法就是个笑话。如果你不相信我，看看深夜电视节目就知道了。

人们总拿愤怒控制疗法开玩笑，因为这种疗法总是试图把管理愤怒的技巧教给那些认为"愤怒是发生在他们身上的事，而不是他们的所作所为"的人。虽然我们大多数人都是这样想的。

恶霸们总认为他们是很好、很随和的人，是某些混蛋把他们惹毛了。让他们发现这种想法的荒谬之处相当需要技巧，但如果想让你的教学策略起作用，这一条是绝对必要的。

有效的愤怒控制治疗从来就不是把人放在教室里，等他们自己做好学习的准备。

治疗成瘾

反社会型勒索者必须打赢的战斗就是成瘾，无论是对外在物质的成瘾还是对自身的神经化学物质的成瘾。所有的瘾好都由两个组成部分：生理上的依赖和心理上的依赖。任何治疗都只有在二者兼顾的情况下才会生效。

我从业的时间越久，对嗜酒者互诚协会就越尊重。这个协会和我所处的圈子相比土里土气，跟我们所做的工作相比，大家会觉得这个协会很业余，也不成熟。

但在我看来，业余是社会性的一部分。反社会型勒索者最不可能相信的人群是其他反社会型勒索者，因为他们认为利己是唯一存在的动机，任何不承认这一点的人都是虚伪的。心理治疗有一条基本规则，那就是治疗师不应治疗病人已经恢复或正在恢复的病症，而成瘾除外。

"十二个步骤"（Twelve-step programs）[①]简直就是为反社会型勒索者而创造的，

[①] "十二个步骤"是嗜酒者互诚协会个人戒酒方案的核心。这些步骤不是抽象的理论，它们是依据互诚协会早期会员经反复尝试后的经验总结出来的。这些步骤包括了一些理念和活动的内容，早期会员们认为这些内容对他们的成功戒酒极有帮助。——译者注

毫不夸张。嗜酒者互诚协会是由反社会型勒索者为反社会型勒索者创造的。针对寻求刺激的人格的物质滥用问题，目前还没有人设计出更好的治疗体系。遵守规则、融入社会、多考虑行为后果，以及一位可以在困惑的时候叫来帮助你的人，这些方法医生也都提到过。但实际上，这个协会应用的方法比大多数医生想出的方法都好。

然而，嗜酒者互诚协会真正天才的地方在于教反社会型勒索者如何建立内部强化。那些汽车保险杠上贴的标语，恰恰就是小天使在教训小恶魔时需要的信念。其中我最喜欢的一条是："如果你发现自己在洞里，那就把铁锹放下别继续挖了。"莎士比亚说得都没这么好。

嗜酒者互诚协会一开始会让人觉得无聊，许多反社会型勒索者觉得这些活动不够刺激而不愿意去做，或者不愿意遵循他人制定的任何规则，而这正是他们迫切需要学习的东西。协会的实用性有助于让反社会型勒索者明白，信念不是教条，"至高权力"的含义是由你自己定义的，所以如果你信奉某种规则，并不意味着你是懦夫。

反社会型勒索者的自救办法

如果你意识到自己有反社会倾向，下面的练习对你来说将非常困难，但它们会在你生活的各个领域都发挥作用。

- **学会忍受无聊。**这条至关重要。如果你无法忍受成为一名负责任的成年人所必须经历的漫长无聊的过程，那你就永远成不了这样的人。千万不要觉得把你的瘾好转换成一种更为社会接受的刺激方式会带来任何改变。成瘾者通常会再犯。

- **遵纪守法。**这里指的是所有规则，而不仅仅是你同意的那几条。先从按时上交文件、开车不超速开始吧。即使其他人在某些地方违反了一些规则，你也不能跟着违反。如果你违反了规则，那就要接受后果而不要试图通过狡辩逃脱惩罚。你必须学会比正直的人还正直。

- **多考虑你的行为带来的后果。**要知道你不是生活在真空中，每次你违反规则都会伤害到他人。如果你不明白如何伤害到了他人，那就坐下好好想想，总会明白的。嗜酒者互诚协会把这一条当作第四步。

- **避免指名道姓或提高嗓门。**指名道姓或提高嗓门是宣泄愤怒最本能的方式。在你学会以建设性的方式表达你的愤怒之前，不要表现出你的愤怒。

- **信守承诺。**除非你确定自己能信守承诺，否则不要对任何人做出任何承诺。

> 第 10 章　治疗反社会型勒索者的良方

注意事项

　　情感勒索者曾经选择的那些提高自身素质的方法，不仅没有让他们的问题得到改善，反而使其更恶化了。反社会型勒索者应该远离对原生家庭问题的各种调查，还有那些倡导表达情感而不是学习控制情感的方法。他们的借口已经够多了，洞察他们的过去很少会影响到他们当下的行为。谨防那些心地善良的治疗师，仅仅因为"情有可原"就让反社会型勒索者逃脱惩罚。有了反社会这一条，就没有任何情有可原的余地。

　　不要帮助反社会型勒索者逃避其行为带来的后果。如果你的生活中有反社会型勒索者，你最应该做的就是站在一旁，让他们自食其果。

EMOTIONAL VAMPIRES

Dealing with People Who Drain You Dry
——— Second Edition ———

第 3 部分

表演型勒索者

EMOTIONAL VAMPIRES

第 11 章
舞台上的勒索者：表演型勒索者

就像反社会型勒索者喜欢刺激一样，表演型勒索者喜欢得到他人的关注和认同，并且他们愿意为之努力。一有机会，他们就会手舞足蹈，在众人面前搔首弄姿。是他们发明了音乐喜剧，他们也能进行非常精彩的表演。表演型勒索者说起话来彬彬有礼又不失风趣，让你在交谈中感到非常愉快。他们最出色的发明之一就是闲聊，这是一种能将对话进行到底的黏合剂。此外，他们还发明了说闲话。

表演型勒索者总有办法打入你的公司或走进你的生活。你喜欢长得好看的？他们的外表都很出众（或者他们会花费几个小时把自己打扮得很漂亮）。他们冒着热情的泡泡，闪耀着智慧的光芒，甚至还会让你产生一丝性冲动。小心，你看到的只是一场演出，而不是你真正能得到的。

表演型勒索者总是在表演。大多数情况下，他们会演一些令人愉快的情景喜剧，但喜剧可能眼看着就变成了低级浮夸的肥皂剧，而且你也参演其中。喜剧还能变成医疗剧，或者庸俗的脱口秀，甚至变成职业摔跤比赛。

这些勒索者通常患有表演型人格障碍。病还是那个病，只是病名是新的，用来取代原来的"歇斯底里"这一字眼。古希腊医生盖伦（Galen）和希波克拉底（Hippocrates）认为，表演型人格障碍患者身上出现的戏剧性的情绪变化和隐约的身体不适是由于不孕不育的子宫迁移到身体的其他部位造成的。

几个世纪以来，表演型人格障碍被认为是女性特有的人格障碍。这种误解源于

第 11 章　舞台上的勒索者：表演型勒索者

一个事实：诊所里就医的表演型人格障碍患者绝大多数是女性。

当然也有不少男性表演型勒索者。除了哗众取宠，他们更追求别人的赞同和接纳。他们爱扮演一些男人味十足的角色——50多岁的父亲、狂热的体育迷、擅长说笑的健谈者，或志向远大的企业家。表演型男人也爱扮演硬汉角色，职业摔跤手就是一个很好的例子。他们有时可能会被误诊为反社会型勒索者，但如果你仔细观察，你会发现，那些强悍、威猛都是装出来的，真正的目的是为了演一场好戏。在第14章中，我们将更加深入分析男性表演型勒索者。

表演型勒索者是弗洛伊德最喜欢的病人。他们启发他提出了无意识的理论，即人类的许多体验都是无意识的。如果你花时间与表演型勒索者相处，那你也会相信无意识行为。

表演型勒索者的内心世界比特兰西瓦尼亚夜晚的雾还难以捉摸。无论他们扮演什么角色，他们都会特别投入，甚至可以忘记自己的真实身份和真实感受，连自己的想法也不记得，甚至忘得一干二净。他们的真实感受在他们的肢体语言、声音和不经意的措辞中得以体现。弗洛伊德式失言（Freudian slip）[①]就是描述表演型勒索者的。

表演型勒索者的真面目

表演型勒索者对获得关注和赞同的欲望非常强烈，以至于在他们的心目中，他们将自我分为人们喜欢的部分和不喜欢的部分，并将不喜欢的部分隐藏起来。当表演者不得不面对那些不可接受的人格部分时，他们整个人都要崩溃。

想象一下，你穿着一件全新的礼服参加聚会，这件礼服是你减掉10磅[②]的体重才穿上的。你兴致勃勃，活力四射，拥有魔鬼般的身材，一身盛装地出现在大家面前，你能感觉到所有人的目光都集中在你身上。这短暂的几分钟是那样的美好！然后，当你路过一面全身镜，仔细照镜子后发现，你离你的目标还差5磅。你的情绪一下子低落了，一个美好的夜晚因此被毁了。这就是表演型勒索者的幸福与痛苦。

在正常人身上，这时会出现一个内在的声音说："真正的你在于内心，而非外表。"而表演型勒索者听不到这个声音。不管什么时候，他们看到的都是自己不可接受的一面，他们都得花费数小时来安抚自己的情绪风暴，甚至再多安慰可能都不够

---

① 弗洛伊德式失言是指某人不小心说出了自己的真实感受。——译者注
② 1磅≈0.4536千克。——译者注

用。有时为了找回心理平衡，他们会强迫自己表演到极致，或者做出一些破坏性的惊人之举。正是这些表演型勒索者们发明了激情犯罪，还有厌食症和暴食症。

有时候，他们的情绪风暴可能不会从他们的外在表现出来，而是被塞到了其大脑中的某个阴暗角落里，在里面搅得天翻地覆，然后与其他无法接受的冲动混合在一起，直到一阵微风把角落打开，释放出暴风骤雨。

说到心理健康的三大要素——掌控感、与比自己更强大的事物建立联系，以及对挑战的追求，表演型勒索者一个都不具备。他们的信念和能力随着他们的情绪而改变。他们的世界是由各种矛盾组成的——刚才还是阳光明媚，瞬间就变成了迷雾和闪电。你永远不知道接下来会发生什么，因为他们自己也不知道。

但有一件事是肯定的：如果你和表演型勒索者很亲近，那么在风暴过后清理烂摊子的肯定是你。

表演型勒索者最喜欢的猎物，就是把他们从日常琐事中拯救出来的人，因为他们最不愿处理无聊的琐事。作为回报，他们会给你带来一场非常精彩的表演，和一堆他们无法信守的承诺。

表演型勒索者的困境

如果反社会型勒索者是丰田汽车世界中的法拉利跑车，那么表演型勒索者就更像一辆小巧精致的汽车模型，但除了放在那里好看之外什么用也没有。其实他们不像汽车，更像一种罕见而美丽的花朵，需要大量的呵护照料，却只能昙花一现。尽管他们的困境非常棘手，但很简单：需要你来照料他们，如果你不做，总有别人会做。

识别表演型勒索者的心理测试

是非题（每选择一个"是"打1分）

1. 这个人通常凭借外表、着装或个性在众人中脱颖而出。　　□是　□否
2. 这个人友善、热情、有趣，在社交场合表现得非常完美。　　□是　□否
3. 这个人对待关系不深的熟人如同对待亲密的朋友。　　□是　□否
4. 当被迫与他人分享关注的目光时，这个人可能会表现出明显的
   不悦。　　□是　□否

5. 这个人经常改变着装风格和整体形象。	□是	□否
6. 这个人喜欢与人交谈，聊闲篇，讲故事。	□是	□否
7. 这个人的故事每次复述都会变得更加夸张和戏剧化。	□是	□否
8. 这个人很懂时尚，但对外表太过关注。	□是	□否
9. 这个人可能会因轻微的怠慢而变得非常不安。	□是	□否
10. 即使很明显对其他人产生了愤怒的情绪，这个人也不会承认自己生气了。	□是	□否
11. 这个人对日常细节记不太清。	□是	□否
12. 这个人相信超自然的存在，比如天使、神灵或者善意的精灵，会经常在日常生活中出现。	□是	□否
13. 这个人有一种或多种不常见的疾病，病情反反复复，没有固定模式。	□是	□否
14. 这个人在做文秘工作、清理房屋和支付账单等日常工作方面有困难。	□是	□否
15. 大家都知道这个人会为了避免做一些无趣的事情而假装生病。	□是	□否
16. 这个人热切地喜欢几个电视节目或运动队。	□是	□否
17. 虽然这个人说话非常生动，但通常含糊其辞。	□是	□否
18. 这个人需要的照料比稀世兰花还多，却觉得自己是世界上最好相处的人。	□是	□否
19. 这个人经常看起来充满诱惑力，尽管他或她可能不会承认。	□是	□否
20. 尽管存在以上种种问题，这个人的追求者甚多，并且比大多数人更受欢迎。	□是	□否

得分：如果选择"是"达到五个即可将该人定义为表演型情感勒索者，但无法诊断其为表演型人格障碍；如果选择"是"高于十个，那请小心，不要无意中参演了他的肥皂剧。

心理测试的内容

测试中涵盖的具体行为包含了可以用来定义表演型勒索者的潜在的个性特征。

社交能力

首先，表演型勒索者是社会动物。他们很享受他人的陪伴，而且多数时候，待在他们身边也是一件令人愉悦的事情。

其次，他们是开朗、亲切、诙谐、性感、让人激动的，拥有任何你希望他们拥有的特质。只要不是实质性的东西，你的其他需求他们都能满足。如果没有表演型勒索者，那么这个世界将会少了很多生机；如果所有的事情都一本正经，没有戏剧性的事件，那也就没有了个人风格。

受人关注的需要

受人关注是表演型勒索者的命脉。如果得不到足够的关注，他们就会变得萎靡不振。表演型勒索者一直在寻找最懂欣赏他们的观众，而这往往可能会破坏各种关系。但只要有人与他们调情，无论意图如何，表演型勒索者通常都会投桃报李。

如果你没有给予他们足够的关注，那表演型勒索者就会另觅他处。他们越是渴望得到关注（比如聚光灯打到别人身上了），他们的方法就越具破坏性。

得到赞美的渴望

表演型勒索者希望所有人都能关注到自己的优点。他们追求社会的认可，努力满足每一个人的期望，当然这些期望并不包括处理无聊的日常琐事。

表演型勒索者希望所有人都认为他们很棒。他们认为批评是毫无意义的宣泄，或是对自然法则的侮辱。无论怎样，除了毫无保留的赞美之外，他们什么都听不见。如果你敢批评他们，那你瞬间就会从世界上最好的人变成恶魔。

情绪化

表演型勒索者生活在情感的世界里。他们的现实是由他们的感受构成的，与他们的所知所想无关。这种情绪化让任何试图与他们讲道理的人都很抓狂。一只在中国拍翅膀的蝴蝶就足以改变他们的情绪，要改变他们的想法更无需太多努力。

表演型勒索者以选择性记忆而闻名。他们可以告诉你一个会议是多么令人兴奋，谁来了，每个人都穿了什么，谁对谁生气了，但就是记不住会议讨论的是什么话题。

第 11 章　舞台上的勒索者：表演型勒索者

依赖性

无论他们扮演的是什么角色，在面具之下，表演型勒索者都感觉自己很无能。他们很容易被那些痛苦回忆中的小细节所淹没。他们卖力地表演，目的就是要讨好一个有地位的、强有力的人，以便得到他们的庇护，也许还可以躲过那些烦人的小规则。而通常情况下，这个策略是有效的。

关注外表

外表是表演型勒索者交易用的股票。他们投入大量精力来维持自身的光鲜亮丽——差不多和你投入工作中的精力一样多。总的来说，这算合理的投资。因为在预测谁能成功时，外表的吸引力总是能够完胜其他所有条件。不用说，表演型勒索者还发明了有氧运动、瘦脸和吸脂。

当心：容颜开始逝去的表演型勒索者比一切夜行动物都要危险。

易受暗示

表演型勒索者精通易容大法，让人觉得好像他们没有自己的固定形象。只要他们意识到你的期望，他们就会自动变成你想要的样子，他们是非常优秀的催眠师。他们不必创造另一种现实，他们自己就是。他们可以轻松地与植物交谈，冥想他们过去几辈子的生活，甚至还能看到天使。如果需要，新世纪的一切都可以是他们发明的。

缺乏自知

表演型勒索者知道如何得到别人的关注，却并不知道应该如何看待自己。他们对自己的过去和动机的了解还不如对他们喜欢的电视角色的了解。

他们的选择性记忆使他们的生活变成了一系列生动却互相割裂、关联甚少的片段，其相关性还不如隔几天播出一次的晚间节目。

躯体症状

表演型勒索者经常说他们患了无法诊断的疾病。他们的生活是现实和幻想、强迫和压抑、兴奋和抑制的混合体。当他们感觉不好时，他们总会说是自己的身体出了问题。躯体疾病是一种艺术形式，不仅要用药物和手术来治疗，还必须像诗歌一样被解读。当他们无法忍受某人的时候，他们会说自己后背疼。当不想听到责骂的时候，他们会便秘。

只给他们吃药是没有意义的。我们将在第 13 章中，以疾病的用途打比方研究被动攻击型勒索者的特征。

如何保护自己免受表演型勒索者的伤害

简言之，要比他们自己更了解他们。欣赏他们表演的节目，但不要跳进他们的剧本里。

EMOTIONAL VAMPIRES

第 12 章
浮夸型表演者：无论什么都是一场戏

浮夸型表演者会为了吸引他人的注意不择手段。但实际上，他们有时演得太过了。

这种浮夸型表演者通常都不是当艺术家的料。他们用来博人眼球的手段往往粗糙而肤浅，让人一眼就能看透。然而，对于目标受众来说，他们却非常有吸引力。

达蒙听到了从走廊里传来的勒索者尚德拉的笑声。他把视线从电脑屏幕上移开，看向门口。他没有注意到，会计部门的其他人也都朝着同一个方向看。

尚德拉走了进来，穿着一件低胸性感的红色连衣裙。她对人们微笑、点头、挥手，好像她正在参加一个派对。她走向达蒙，随着他们四目相对，达蒙感到自己心跳加速。

尚德拉突然停下脚步，惊喜地睁大双眼。"达蒙，"她冲到他的办公桌前说道，"真的是你吗？你刮了胡子看起来年轻了 10 岁。"

尚德拉浑身散发着浓厚的香水味，当她靠在办公桌上摸他的脸时，达蒙都喘不过气了。"我不知道你埋在胡子里的脸这么帅！"她说道，指尖轻轻地划过他光洁的脸颊。

达蒙脸红了，他极力克制自己的眼睛不往下瞟。"我觉得，嗯，你知道的，是时候改变一下形象了。"他说道。

尚德拉歪着头，微笑着，仿佛这是她一整天里听到的最有趣的事情。"你真可爱！我敢打赌，办公室的女孩们都会围着你转的。"

"我倒是希望。"达蒙说。

尚德拉笑了。"哎呀，你啊！你用不着害羞。"尚德拉一边说，一边在他桌上放了一摞文件夹，并用长长的红指甲捅了捅他。"先生，多伊尔让我看看今天能否找一些人来处理这些数据。你觉得……"

达蒙把桌子上的一堆文件推到一边，把尚德拉的文件夹拿到胸前。"没问题。"达蒙说道，并有点神魂颠倒。但除了他外，办公室里的其他人都没被愚弄，特别是其他女性。

后来，在休息室里，珍把毛巾塞到毛衣里，给布兰迪和伊莉丝模仿尚德拉的表演。"哦，达蒙，你刮了胡子看起来年轻了10岁。"珍妮模仿玛丽莲·梦露那种气喘吁吁的声音说道，还带着不标准的南方口音。她向伊莉丝俯下身，假装她就是达蒙。"看到你喜欢的东西了吗？"她一边说，一边忽闪着睫毛。

伊莉丝笑得前俯后仰。

"你们真应该看看达蒙的脸！"珍摇了摇头说道，"他根本不知道自己被愚弄了。"

"男人怎么会这么蠢？"布兰迪问道。

问得好。男人怎么会这么蠢？他们难道是因为睾酮中毒而失明了，以至于无法看透尚德拉那种虚伪又操纵性十足的浮夸型表演者？

上钩的不仅仅是男人。

为了避免让大家觉得这些浮夸的性感尤物都是女性，受害者都是男性，让我们把时光倒流几个月，回到珍、伊莉丝、布兰迪和办公室其他同事一起在阿斯彭度过的那个周末。他们在那儿认识了沃尔夫冈。他是一名滑雪教练，身材高大，金发碧眼，皮肤还有在夏威夷冲浪和健身时留下的晒痕。

去年冬天，达蒙在休息室里就模仿过沃尔夫冈。

如果我们仔细观察这些小片段，我们就能从中看到浮夸型表演者所运用的隐蔽而神秘的力量。首先，他们的受害者并不是他们本来要摆布的人。像达蒙这样的人通常很乐意被利用，来换取愉快的幻想。最觉得厌烦的其实是旁观者，他们才是这个过程中真正被榨干的人。

请记住，浮夸型表演者只是想尽可能地博人眼球，他们并不关心自己得到的关注是正面的还是负面的。对于这些终其一生都要让自己看上去很美的人来说，他们不需要做出任何努力就能让异性对着他们流口水。他们的真实观众数量更多。诱人

第 12 章　浮夸型表演者：无论什么都是一场戏

的浮夸型表演者渴望得到每个人——尤其是那些正在与他们争夺注意力的人——的关注，然后让他们低头认输。无论你对这些作秀行家是爱还是恨，你都会注意到他们。

获得关注堪称一项竞技运动，而浮夸型表演者是真正的高手。男装少女、异装皇后、死亡摇滚乐队成员、嚣张的运动员、脏话连篇的主持人，以及所有像尚德拉和沃尔夫冈这样不知名的三流玩家都发现，如果你足够明目张胆，那你从恨你的人那里收获的关注会是从粉丝那里收获的两倍之多。

但除非陪他们表演的人非常天真，否则诱人的浮夸型表演者对他们的威胁很小。这些勒索者提供的是一种纯粹的商业交易——我为你进行一场让你觉得魅力四射、性感奔放的表演，你用你的关注和一些小恩惠来回报我。这些勒索者造成的真正问题是破坏了社会秩序。正是他们发明了性骚扰——既骚扰别人又声称被骚扰而起诉别人。一个表演型勒索者可以把整个办公室变成战场。

所有人都想获得同样的关注和青睐，但大多数人会通过聪明的头脑和孜孜不倦的努力来争取，虽然相对于摇首弄姿，这样做的效率很低。所以，我们会愤愤不平，那些表演型勒索者仅仅凭借卖弄性感或仅仅是令人极度讨厌就能得到如此待遇。这不公平！

其实，这无所谓公平不公平。作秀就是如此。

浮夸型表演者的催眠术

浮夸型表演者是那种能把人们哄得像小鸡一样"咯咯"乐的催眠师。催眠也是一场表演，而这些勒索者拥有吸引观众的天赋。

浮夸型表演者自己就生活在作秀的魔幻世界里，那里的一切都比现实生活更宏大更美好，也更纯粹、更易于理解。对于俊男美女相爱、正义战胜邪恶、骑士穿着闪亮的铠甲拯救少女这些故事，我们早已熟知和喜欢。浮夸型表演者给你提供了一个替代现实，让你生活在这些故事里。

浮夸型表演者会邀请你登上舞台进入他们的幻想世界。你可以扮演一个与他们合作的好伙伴，也可以扮演一个令人扫兴的坏人，充满不满和消极情绪。无论选哪个角色，你都是这场戏的一部分。

浮夸型表演者的大部分人生都在自我催眠的恍惚中度过。当他们在你身边时，你几乎不可能不被催眠。因此，想要了解他们并保护自己，你必须时刻关注以下危险迹象。

偏离常规

浮夸型表演者希望你能痴迷于他们的表演，从而帮他们承担烦琐的日常工作。他们最惯用的伎俩是催眠你，让你觉得他们没头没脑，办不好自己的事情。表演型勒索者无意识地创设了这种情境，似乎你为他们做事比让他们自己动手要容易得多。如果你发现自己疯狂地东跑西颠，试图把某人从一个荒谬愚蠢的烂摊子里拉出来，那么那个人不是你的孩子就是一个浮夸型表演者，或两者合二为一了。

极端的思维

浮夸型表演者的脑子里都是经过高度渲染的主观印象。他们的世界是那样地完美无缺，所以也难怪他们想从你那里得到同样的回应。你要么爱他们，要么恨他们，但你就是不能忽视他们。

极端还有另一层含义：如果你的生活中有浮夸型表演者，那你就会知道你从世上最完美的人变成最糟糕的人的速度有多快。

瞬间亲和力

浮夸型表演者"发明"了一见钟情。如果他们给你的第一印象没能惊艳到你，那么他们以后也很难让你心动。

对某人某事另眼相看

浮夸型表演者提供了一个阴险而肮脏的交易。他们魅力四射、令人兴奋和热情似火。不难想象，如果你帮他们料理了一些琐事，那他们就会非常感激，然后源源不断地给予你关注和爱。你甚至觉得只需要付出一丁点儿就能与一个非常有吸引力的人建立关系，这真是十分划算。

继续做梦吧。浮夸型表演者可能是多种多样的，但他们从来都不是物美价廉的打折商品。与所有老练的催眠师一样，他们利用你的潜在需求来控制你。如果你发现自己沉浸在拯救他人并得到不断感激的美梦里，那就快些清醒过来拯救自己吧。

不关注客观事实

如果你曾经信任的人告诉你，你被人骗得团团转，而你却认为他们只是在嫉妒

第 12 章　浮夸型表演者：无论什么都是一场戏

你，那你最好祈祷上帝会怜悯你的灵魂，因为浮夸型表演者是不会可怜你的。

困惑

与浮夸型表演者在一起，演戏是头等大事，你不能不演。有时你很容易就能看出自己被人摆布了，但却很难弄清楚自己应该怎么办。舞台是浮夸型表演者的力量所在，也是他们的脆弱之处。如果你不得不应对浮夸型表演者，那你最好的防御就是给自己安排一个能与他保持安全距离的角色。同时要记住，与浮夸型表演者对抗的唯一方法就是演更多的戏。

为自己安排一个安全的角色

越接近浮夸型表演者，你就越危险。

如果你成了他们的主要观众，那你就会发现他们的演出收费非常高——他们想要你的全部关注，并且满足他们的每一个需求。如果你让他们感到一丝失望，那剧本就会一下子从轻喜剧变成恐怖电影。失宠的浮夸型表演者会立即爆发出愤怒、悲伤或任何能让他重获关注的情绪。你永远不会知道他们的脑子里在想什么，而你又做错了什么。

因此，最好的防守就是一开始就不要被他们的表演蒙蔽。要想做到这一点，你需要给自己安排一个简单且容易理解的角色，并远离浮夸型表演者的演出场次。

戏剧性病痛

浮夸型表演者的能量有限。因此，当生活变得太复杂时，他们的热情就会锐减，变得无精打采，身体也感到多处不适。他们生动的想象力和精湛的表演，让人感觉不到他们只是在演戏。感到挫败的浮夸型表演者在发现了自己生病就能得到更多关注的时候，就会把他们的剧本改成医疗剧。他们通过"生病"把你榨干，让你和病中痛苦的他们感同身受。有关戏剧性病痛的内容，我们将在第 13 章中进行更加详细的探讨。

名人、粉丝和效仿者

如果你读到这里发现，你在超市门口架子里的八卦小报前认出了他们，那你没认错。他们就是那些购买八卦小报的人，还是街上那些就算不是万圣节也要把自己打扮成偶像模样的人。

大多数人能够在二三十岁的时候获得身份认同，知道"我是谁"，知道自己在职业生涯和各种关系中的位置。我们可能不喜欢自己现在的样子，但这会激励我们努力改变和成长。

而这对于浮夸型表演者来说，他们不需要付出任何努力，只用假装就行。因为他们都是演员。他们中的许多人将他们的身份与他们所扮演的角色混淆了，甚至有些人完全忘记了自己的身份。

你可以在现实的演艺圈中清楚地看到这一点。如果两个演员在剧中扮演一对情侣，那么你很可能会看到这样的新闻：某某抛弃了现在的配偶，并且计划与情人举办一场奢华的婚礼。

当浮夸型表演者成为名人时，他们会在这个角色中迷失自己。他们的表演将永不停止，因为总会有观众。不管名人有多么落魄，他们的生活也比我们的更有趣。我们喜欢关注他们，而只要我们愿意看，他们就会为我们演出。他们中的大多数人都表示讨厌自己没有隐私，但他们更讨厌的是没有人注意到他们。所以，没人关注时，这些名人们就会通过参加电视真人秀节目来"刷存在感"。

参加电视真人秀的不只是过气的名人。世界上每一位浮夸型表演者都有自己的节目，无论是在广播里、电视上，还是在视频网站上，甚至就在你的隔壁。浮夸型表演者拼命想成为人们愿意关注的人。他们中的一些人确实有表演和唱歌的天分，但大多数只是蹩脚地模仿他们喜欢的演员和歌星。似乎像名人一样穿着打扮，或者知道名人生活的细节也能让这些浮夸型表演者拥有些许名人的身份。以前只有青少年会这样做，而现在似乎所有年龄的人都会如此。

不管是真正的明星、还是粉丝或效仿者，他们都常常不知道自己是谁，但他们总是知道自己想成为什么样的人。

而我们作为观众，不知道是出于怜悯还是嫉妒，总之，就是无法把视线从他们身上移开。

九种方式保护你免受浮夸型表演者的伤害

想走出浮夸型表演者永不落幕的大戏，那你就要创作新的剧本。

第12章　浮夸型表演者：无论什么都是一场戏

1. 了解他们，了解他们的过去，了解你的目标

浮夸型表演者通常很容易识别。他们具有典型的男性或女性的形象，而且总是人们关注的焦点。他们很擅长讲笑话，散播劲爆的八卦，或者会没来由地突然感叹人生、发表励志的演说，甚至还会发出令人心碎的呜咽。

如果你向其他人询问有关浮夸型表演者的事情，那你可能会听到许多各不相同且互相矛盾的故事。这是因为他们同时扮演着许多各不相同且互相矛盾的角色。

而你的目标是不要参演他们的戏，虽然这很难。一开始，他们会把你与那些吝啬、残忍、不懂感恩、缺乏爱心的人进行比较，然后声称你是世界上最好的人。但在步入他们的幻想世界之前，你要时刻提醒自己：在他们的世界里，除了好人就是坏人，如果你让他们失望了，那你很容易就被他们从好人组转移到坏人组了。

如果你不去理会他们的奉承，那你就可以避免以后的情绪波动。你最好的选择就是给自己安排一个角色，然后站在场外观看节目。不要因为一时冲动而对他们的行为指手画脚，那样迟早会让他们注意到你，然后把你分到坏人组。

浮夸型表演者是无耻之徒。如果你在他们面前发火，那他们将会榨干你。

一旦与浮夸型表演者产生交集，你最好尽力去维护你们的关系以换取他偶尔的回馈。而如果你期望获得一段坚实长远或互惠互利的关系，那你得到的只会是头痛，不是他头痛就是你头痛，反正产生的后果差不多。

两种性别的浮夸型表演者都会因性骚扰他人或声称被他人性骚扰而提起诉讼。在你走上这两条路之前，请深思熟虑。浮夸型表演者站在证人席上时可能随时会演技爆发。

2. 向他人求证

浮夸型表演者对事件的记忆带有强烈的情感色彩，他们并非如实记忆事实本身。他们的故事很有趣，颇富娱乐性，但准确的信息很少，而且往往带有相当大的偏见。他们希望你相信他们，如果你不相信的话，他们就会觉得受到了蔑视。但我还是希望你可以冒着得罪他们的风险，去询问一下别人的观点，而你会很庆幸自己这样做了。请记住，不要让浮夸型表演者成为你的信息来源。

3. 为他们所不为

让自己变得无趣一点，但要言出必行，并且要做到未雨绸缪。让事实而不是情绪决定你的反应，同时学着让自己的心胸打开，嘴巴闭严。

4. 要观其行，而不是听其言

和应对其他勒索者一样，你必须让浮夸型表演者对他们所做的事情负责，而不是对他们所说的话负责。对于浮夸型表演者来说，他们的言行是否一致，你一听他们讲话就会发现，他们很少说谎，但也很少讲述完整事实，除非说漏嘴了。

注意细节。在你判断自己了解了事实之前，多问问：什么人在什么时间、什么地点，发生了什么事，以及事情为什么发生、是怎么发生的。

5. 择战而赢

请记住，针对浮夸型表演者，你要赢得的战斗是拒绝扮演那个情感被榨干的角色。因为他们会通过对你无尽的依赖或者惹你发火的方式，试图榨干你。

你必须决定，浮夸型表演者那反复无常、令人讨厌的表演在什么情况下算是越界，并需要你采取行动反击。而如果你要反击，那就一定要有自己的行动计划。

要记住，生气时切勿采取行动。浮夸型表演者演"一时冲动"比谁演得都好。一定要周密地制订计划，可以先与其他人聊聊你的想法，以免对说出来的话后悔。

你可能做得最徒劳的事情就是向浮夸型表演者解释他们自己的行为。因为即使所有人都能看透他们，他们也不知道自己的动机是什么。也许你会对他们的"一脸无辜"感到无比惊讶，更不会相信他们并不知道自己是在故意摆布别人。要记得，表演者是真的不知道自己在做什么，也不知道自己的意图所在，意识到这一点能够为你省去大量的麻烦。死不承认就是他们发明的。

这类表演者不仅不理解自己，他们也不明白其他人的意图。他们对心理学和物理学的理解通常与魔法挂钩。他们可能认为事情是由于恒星的排列、晶体的振动或者守护天使的介入而发生的。如果你对此提出异议，那他们就会认为你疯了。

说到疯狂，再提醒你一下，千万不要卷入与浮夸型表演者穿着有关的战斗。

6. 利用强化原理

控制浮夸型表演者行为的方案与管理顽劣孩子的相同，那就是要清楚地知道你想要他做什么，并且准备好相应的强化物。这样他们才能集中注意力把事情做好，而不是故意把事情办砸。

浮夸型表演者的日常工作永远都存在问题。他们会忘记付账单，忘记要去哪里，或者忘记事先做好计划以免迟到，他们似乎也从来没有收支平衡过。看上去我们帮他们做这些事，比让他们自己去做要容易一些。但事实上，他们是想和你签订一个隐性条款：用表演来逃避他们应承担的所有义务。

为了让他们去做那些他们不愿意做的事情，你必须坚守自己的底线，无论他们想通过演什么戏来试图分散你的注意力，你都要坚持住，不要被迷惑。永远不要让任何形式的表演使他们逃脱自己的责任。

总之，这些都只是理论。在实践中，希望浮夸型表演者做到言行一致几乎是不可能的。有时他们会把你折磨得筋疲力尽。为了逃避一项五分钟就能完成的任务，他们能演上两个小时。

所有的强化都应该围绕着浮夸型表演者接下来应该做的事情，暂且不用理会他们应在别人面前如何行事。如果你想要给他们在调情、讲黄段子或其他烦人的行为上设下条条框框，那你不会有多少收获，因为在他们眼里自己这样的行为既迷人又得体。这就是为什么关于性骚扰和文化适应的教育研讨会很少会对这方面罪大恶极的人有影响。

但你可以充分利用表演者的表演天分，更进一步地指导他们做一些有意义的事情。如果你给他们开办一个关于性骚扰的讲座，那他们可能会问："你想让我做什么，演个圣人什么的？"

你就回答他们："对，就是让你演圣人。"

应对表演者最好的强化策略就是，在他们表现良好时，通过大肆赞美对他们进行偷袭。

7. 战斗时，小心措辞

这个很简单。如果你想发展和浮夸型表演者的关系，那就请用能让正常人得糖尿病的甜言蜜语赞美他、奉承他。哪怕他们的成就再小也要经常表扬他们，这是能与他们维持良好关系的唯一方式。

对于他们而言，任何形式的批评都是浪费口舌。因为他们会认为有问题的是你的观点，而不是他们的行为。

总之，记住"赞美他"这一条，别的规则你都可以忘了。

8. 无视愤怒

如果你批评了一个表演者或者仅仅是忘了去赞美他，那表演者就会发脾气。他们暴跳如雷的样子和其他类型的勒索者毫无二致。他们的情感爆发就像恐怖分子使用冲锋枪一样：既是武器又是威胁，或者仅仅是为了放纵。

然而，眼泪才是浮夸型表演者真正的看家本领。

对于一个被社会化了的人来说，你不可能看着别人哭，而不采取任何行动安慰他们，即使你知道他们的眼泪仅仅是用来逃避规则。

应对这种操纵意味十足的哭泣，你可使用一位资深治疗师的秘诀：不要让眼泪或它们坠落的原因成为你们讨论的主题。当他们哭泣时，递给他们一张纸巾，然后继续说你想说的话。这个技巧需要练习，但很有用。

9. 了解你自己的底线

无论你给了他们多少注意力，浮夸型表演者都不会嫌多。起初，他们会用奉承恭维吸引你的注意力，把你放到一个特殊的位置。通常，在他们榨干你之前，你总会听到的一句话就是"你是我唯一能说心里话的人"。我们将在第14章中更充分地讨论这个问题。

很多浮夸型表演者确实具有有用的才干和能力。他们可以成为我们有趣的朋友，也可以成为工作效率高的员工，尤其是在那些需要表演性的工作方面。表演者可以如花朵般绽放美丽，但他们也需要像稀世兰花一样被细心呵护，而要不要养育这朵花则由你决定。

第 13 章
被动攻击型表演者：
把我们从妖魔鬼怪及其帮凶手中解救出来

请不要把被动攻击型表演者与被动攻击型人格障碍患者混为一谈，后者已被从《精神疾病诊断与统计手册》中剔除，因为其判断标准模糊得一塌糊涂。有些人的被动攻击行为、抗拒的态度以及对权威的抵制是有意识的。这类人不是我们要讨论的对象。真正的被动攻击型表演者意识不到他们自己的攻击行为。他们可能会欺骗自己，但很少能骗得过身边的人。

被动攻击型表演者渴望得到赞同。如果你有求于他们，那他们总能做到他们应该做的事情，想到他们应该想到的问题，感受到他们应该感受到的情绪。他们谦逊、开朗、节俭、勇敢、正直、虔诚——至少他们自己是这样认为的。你可能不理解这么好的人怎么会给别人制造麻烦呢？简单地说，这个问题的答案是：他们不知道什么会伤害到他人。

这些"好得过分"的勒索者并不知道正常人应该如何行事。和所有的表演型勒索者一样，被动攻击型表演者也为自己安排了一个角色，然后迷失在了角色里。与浮夸型表演者不同，这类表演者选择的角色更加温和内秀。在他们的心目中，他们是善良的孩子——天真而快乐，渴望取悦他人，即使不是其分内的事，他们也愿意去做。

在现实世界中，人性是复杂的，充满了原始的动机和令人无法接受的欲望，但也有天使般美好的品质。被动攻击型表演者有一种可怕的倾向，那就是除了最浅显、最有说服力的思想，他们否认其他一切事物。他们对于丑恶置若罔闻，哪怕其他所有人都能清楚地看到。被动攻击型表演者不是完美主义者，他们更像完美主义的崇拜者。他们并不一定想做到尽善尽美，他们只是想看起来很完美。就好像他们想成为人见人爱的芭比和肯(Barbie and Ken)①，却没有意识到他们的榜样只不过是塑料娃娃而已。

他们试图扮演的角色总是不可能实现的，所以也难怪他们总是演不好。

勒索者梅雷迪斯走到柜台点咖啡。她盯着柜台里的特浓巧克力蛋糕，但却巧妙地将目光转向一盒酸奶。她装作一本正经地检查着营养标签。"哦，你看，"她说道，"这个只有120卡路里！"

"哎呀！梅雷迪斯，还是及时行乐吧，"艾琳说道，"吃块巧克力蛋糕吧，特别好吃！"

"嗯，是啊，"梅雷迪斯说，"但我哪怕只是闻一闻巧克力蛋糕的味道，屁股都会长肉。"说着，梅雷迪斯拍了一下她那丰满的臀部。

当梅雷迪斯端着她的酸奶和无脂咖啡坐下时，艾琳摇摇头说："你的意志力比我的强多了，我一天吃不到巧克力蛋糕就会难受死了。"

梅雷迪斯耸耸肩说道："一旦你习惯了就没那么难了，我很久没吃巧克力了，我甚至都不记得它的味道了。"

"你真不可思议。"艾琳一边说着，一边又吃了一口蛋糕。

在回家的路上，艾琳又路过了这家咖啡店。她看到梅雷迪斯指着柜台里的特浓巧克力蛋糕。服务员拿出四个，包起来递给了她。

艾琳兴奋地看到她的朋友表现出人性脆弱的一面，还被她抓了个现行。她赶紧走到梅雷迪斯身后。"如果你给我一块巧克力蛋糕，我就不告诉别人我在这儿见过你。"她咯咯地笑着说。

梅雷迪斯缓缓地转过身来，目光茫然。她愣了一会儿才反应过来，"嗨，"她说道，"我正在给我的侄女买巧克力蛋糕。"

"哦，好吧。"艾琳尴尬地回答道。在忙着赶公交车的时候，艾琳似乎想起来了，梅雷迪斯好像说过她的侄女住在芝加哥。

艾琳觉得她看到的是，一个普通人抑制不住自己吃巧克力蛋糕的冲动。对她来说，这很正常。她偶尔也会狂吃巧克力蛋糕，吃完之后一笑了之。而实际上艾琳看

---

① 芭比和肯是指美国畅销玩偶芭比娃娃和她的男友。——译者注

第 13 章 　被动攻击型表演者：把我们从妖魔鬼怪及其帮凶手中解救出来

到的是一个迷失了方向的表演型勒索者，在催眠自己相信自己仍在角色当中。

梅雷迪斯同时控制着两个人：一个意志力强大堪称典范的人，能够很好地节制饮食；而另一个是偶尔狂吃巧克力蛋糕的普通人。她认为自己是那个具有意志力的人，而几乎看不到另一个人的存在。

这种人格的分裂是被动攻击型表演者的主要特征，但请不要把他们称为精神分裂症患者。精神分裂症是一种生物精神障碍，它导致的是人与现实的分裂。而被动攻击型表演者则是将他们的人格分为可接受和不可接受的部分，然后尽力忽视不可接受的部分。如果你想为这种特征命名，那么"解离"一词会比较贴切。

真正的问题不是巧克力蛋糕和节食。如果艾琳施压，那么梅雷迪斯有可能会承认巧克力蛋糕是买给她自己的。但梅雷迪斯不太可能承认的是，一旦两人起了冲突，自己可能会产生攻击冲动。

对心理学家来说，"攻击"是指将自己的意志强加给世界的一系列思想和行动，一端是愤怒、攻击性的行为，另一端则是从个人利益出发随心所欲的处事方式。那些觉得自己身上只有爱和给予的表演者拒绝以上所有说法。他们更愿意相信自己是为别人而活，而不是把自己的需求放在首位。同时，他们中的许多人也不愿承认自己有性冲动。

问题在于，包括表演型勒索者在内的所有人，都有性和攻击的本能需求。我们都想做一些不恰当或可能会令其他人感到尴尬的事。但是正常人都很清楚，不能由着自己的性子做事。而被动攻击型表演者则认为，在他们身上并不存在这些不恰当的冲动。这种想法使他们变得很危险。

回到梅雷迪斯和艾琳的故事。在工作中，大多数人喜欢梅雷迪斯，但又觉得她有点沉闷。他们称她为"可爱的完美小姐"，但大家都知道她既不可爱也不完美。对于艾琳来说，亲眼看到梅雷迪斯买巧克力蛋糕，还把她抓了个现行，足以成为在休息时间分享的绝妙话题。果然，没两天，巧克力蛋糕的故事传遍了办公室。但没过一周大家就都忘了——除了梅雷迪斯。

梅雷迪斯觉得受到了伤害，被人误解、背叛，但她自己却不敢面对这些感觉，更不敢想艾琳会怎么看待她了。

没意识到自己的愤怒并不妨碍梅雷迪斯采取行动。突然之间，她开始觉得艾琳并不是一个多好的人。她们的关系是很好，但艾琳有点吹毛求疵，有时还有点刻薄。大家都这么说，尤其是艾琳部门中一些心怀不满的员工。梅雷迪斯发现自己与他们待在一起的时间越来越长。

最终，梅雷迪斯以一种非常"善意"的方式告诉艾琳很多人都不喜欢她。毫无疑问的是，艾琳不但听不进去，还生气了！

这让梅雷迪斯手忙脚乱，她唯一可以求助的人就是部门经理简。

"咚，咚，"梅雷迪斯试探性地敲了敲简的办公室门问道，"能打扰你几分钟吗？我很想问你一个问题。"

"当然，进来吧。"简说道。

梅雷迪斯坐下来打开她的笔记本，装作要记笔记的样子。"我想知道该如何与艾琳共事。我真是没办法了。"

简等了一分钟，想看看还有没有其他问题。显然没有。"有没有具体的事情让你有这种感觉？"

"就是，嗯，每件事都给我这种感觉。自从她来到这里，总有一些事情发生。我的意思是，我个人真的很喜欢她，但她完全是不可预测的。你永远不知道她什么时候会为了一些小小的意见而大动肝火。"

"你有没有和她发生争吵？"

"我不知道你会不会将此称为争吵。我的意思是，她在大喊大叫，而我只是张着嘴，站在那里。"梅雷迪斯一边说，一边给简表演了一下当时她脸上惊讶的表情。

"艾琳具体是因为什么事情不高兴？"

"她说我试图动摇她的权威，"梅雷迪斯又做出了惊呆的表情。"你相信吗？我对谁都不会这样做的。我只是想帮忙。"

"你是怎么帮她的？"

"我只是告诉她，她部门的一些人要辞职了，因为他们无法忍受她的管理风格。"

"真的吗？谁要申请辞职？"

"哦，现在没有人，但很多人都有此打算。他们来找我是因为他们害怕面对艾琳。我只是告诉艾琳这件事，以便她可以和他们进行沟通，但是她却大发雷霆。"

为了帮助和支持那些敢怒不敢言的可怜人，梅雷迪斯对艾琳发起了被动攻击。在这个过程中，公司中的每个人都有可能因为一袋巧克力蛋糕而受到伤害。

第 13 章　被动攻击型表演者：把我们从妖魔鬼怪及其帮凶手中解救出来

不断付出，直到受伤为止

被动攻击型表演者喜欢付出。他们大部分的付出都是真心的，但有些则越界变成了操纵。在他们眼里，做人有一条必须遵守的黄金法则：如果他们对别人做了什么，那别人也应该投桃报李。

每个人都有这样那样的需求，有些人可能会明确告诉你他们想要什么。而被动攻击型表演者则会通过不停给予，直到你弄明白他们到底想要什么东西。如果你还没有意识到，那他们就会一直付出，直到你们双方都厌烦了为止。但是，至少在他们自己心里，他们早就盘算好了。我们每个人都会因为需求没有得到满足而难过。这是一种自然规律，但被动攻击型表演者总是认为他们可以打破这一规律。

许多被动攻击型表演者还相信，你越是能够克制自己，你就越是个好人。从这个角度看，厌食症患者简直达到了最崇高的境界。

被动攻击型表演者也有感到沮丧和愤怒的时候，只不过他们不会承认。但是，他们会声称他们为其他人做了很多，但却没有人理解他们。他们所能做的就是继续奉献，默默忍受，并向地下的烈火中投入更多的燃料，让怒火继续因怨恨而燃烧。

这种病态的付出虽然不是女性所特有，但却与数千年男性统治期间对女性的期望相符。病态的付出也可能是不和睦的家庭造成的心理扭曲所带来的结果。然而，还是那句话，知道问题的来源并不等于解决了问题。

有人将被动攻击型表演者视为无法控制自身力量的受害者。这也许就是勒索者看待自己的方式，这种看法本身就是有问题的。因为还有一个自然规律就是受害者容易变成加害者。

我又生病了

深夜，杰森结束垂钓回到家中，发现丹妮尔坐在起居室里，闭着眼睛，但并没有睡着。

她的胃上捂着一个热水袋。

"怎么了，亲爱的？"杰森问道。

"只是肚子有点痛。"她一边说，一边痛苦地喘气。

"需要我给你买药吗？"

"我已经吃药了，但好像没有用。"

杰森把手放在她的前额上，看看她是否发烧，又摸了摸她的手，发现她的手冰凉。

"你多久……"

他的问题被痛苦的呻吟打断了。

"我送你去急诊室。"杰森说道。然后，他打电话给丹妮尔的母亲，让她过来陪孩子们。

这种情况不是第一次了。因为丹妮尔的急症，她和杰森已经在急诊室度过了许多个夜晚，也看过很多个专家。所有的检查结果都是好的，谁也不知道她到底是哪里出了问题。

杰森很讨厌自己的多疑，但在他看来，丹妮尔的急症似乎都是在他去钓鱼或打猎时发生的。她的问题是不是出在大脑里？在离开医院之前，他向丹妮尔提出了这个问题，但问得非常谨慎。

"也许我离开家，对你来说压力太大了——我的意思是，你需要照看孩子、收拾屋子，还要做很多别的事。"

"不，我可以的，要不是因为这个烦人的肚子疼。"

"你想让我留在家里吗？"

"不，不，你整天工作已经很累了，你需要放松一下。"

杰森感到左右为难。一方面，他认为丹妮尔的急症与他和朋友们的旅行有关，但她却一直告诉他应该去旅行。他究竟该怎么做？

第二天早上，在急诊室里，所有的扫描结果都是阴性，肠胃科医生摇摇头说："只剩下探查性手术这个办法了。"

丹妮尔即使做手术也很有可能发现不了任何问题。她身体上的疾病至少部分是由于她脑海中不愿承认的攻击欲望引起的。对于那些从未有此经历的人来说，很难掌握她的心理状态，我们也很难理解。你可以这样想象，她肩膀上的小天使说："杰森需要旅行（以及他喜欢的所有其他娱乐形式），并且我应该能够安排和照顾好我的工作、孩子、房子、狗，和其他一切。"而小恶魔说……什么小恶魔，就算有小恶魔的存在，丹妮尔也没意识到。尽管如此，小恶魔的怨恨仍然在丹妮尔的身体里蠢蠢欲动。

我再说得清楚一点：被动攻击型表演者的疾病不全是装出来的。自尊心强的他们绝不会装病，而是真的病了。而我们不明白的是：是什么原因导致了他们的疾病，

第13章 被动攻击型表演者：把我们从妖魔鬼怪及其帮凶手中解救出来

以及如何才能让他们好起来。

以下是压力相关疾病的产生机制。

在讲述恶霸的第8章中，我提出了几乎每个人都听说过并经历过的战斗－逃跑反应。但很少有人能意识到这种反应是多么复杂且普遍，几乎每个生理系统都会受到超大剂量的荷尔蒙的影响而使身体过载。所有的能量都转移到参与战斗或逃跑的器官上。心脏和肺部运转加速，肌肉充满血液，大脑发出警惕危险源的警报，消化进程关闭。这时，如果消化系统中有任何食物，那身体就会尝试将其从最近的一端迅速排出体外。不用说，这个过程在生理学上很难，特别是当引起战斗－逃跑反应的压力源是慢性的。

我们总是倾向于认为压力来自外界——吵闹的孩子、严厉的父母、紧张的经济状况、繁重的工作等。实际上，大多数人都可以很好地处理外部压力，而最具破坏性的压力来自内心，你在同一时间被拉向两个相反的方向——你爱自己的父母，但又恨他们；工作让你崩溃，但待遇又非常优渥；或者是你无法忍受"要不要让丈夫参加这么多该死的钓鱼旅行"带来的冲突和负面情绪。

像丹妮尔这样的被动攻击型表演者往往太善良了，以至于无法为自己向别人提出任何要求，哪怕偶尔请别人帮个小忙也做不到。所以，有时候，他们的身体必须替他们争取权力。

此外，表演者的疾病也是自我表达的一种形式，暗含了表演者对自己和世界的看法。这些勒索者的内心深处是困惑和崩溃的，因此，通过生病，他们自己和那些来治疗他们的人都感受到了困惑和崩溃，与他们一起生活的人也感受到了困惑和崩溃。在他们身边，你总是会想，你应该做些什么，以及应该有什么感觉。

杰森陪丹妮尔一起去看了医生。一方面，他担心是什么可怕的未诊出的疾病导致了她的痛苦。他催促医生做更多的检查，咨询更多的专家，尽一切可能找出问题所在。

另一方面，他也同意她主治医生的说法，她的病可能是压力造成的。杰森知道丹妮尔会认为这意味着医生已经治不好她了，所以他没与丹妮尔讨论这件事。他索性不去钓鱼了，并承担越来越多的家务劳动。

如果你认为"他做得真棒！"那你再想一想，即使他是对的，多陪伴她、多帮助她,但这样做也会使情况变得更糟。丹妮尔生病了,杰森给予了她奖励,而没去问她想要什么,只是将那些未曾宣之于口的怨恨揽到了自己身上。

怨恨并不会像浮夸型表演者所虔诚希望的那样,消失无踪,它只是换了个形式出现。杰森可能会变得更加暴躁,或者更加沉默寡言,而丹妮尔则会病得更重。这场无需争吵的战斗可以持续很多年。

与压力相关的身心障碍,其症结并不在于压力本身,而在于一味地被动避免冲突的产生。那些不恰当的应对方式,比如忽视而不是直面压力,或者仅仅依靠抗抑郁药物,或者采用更糟糕的方法,比如用酒精应对压力,都只会使问题长期存在,或者造成新的问题——物质滥用。

最有效的治疗方法就是双方开诚布公地直面问题。为了打破这个循环,丹妮尔需要清楚地认识到自己到底想要什么,并且要说出来。这可能不是杰森和丹妮尔能自己讨论解决的问题,通常需要一位有经验的治疗师来指导他们,从而避免产生误解——丹妮尔认为她胃疼是因为脑子出了问题,或者觉得她想休息就是自私的表现。

许多被动攻击型表演者会拒绝接受心理治疗,因为他们坚信自己的不适仅仅是生理上的问题,只是还没被诊断出来。也许他们是正确的,因为对于一些医生来说,"该病症与压力有关"就是"我无能为力"的意思。

对心理学家来说,身心障碍与身体障碍一样,也是有模式可循的。它们会出现在特定的人格类型中,且几乎都存在内心冲突和身体不适。

杰森所能做的最有效的事,就是帮助丹妮尔找一位能让她信任的医生,并劝说她遵照医生推荐的任何治疗方法。

如果杰森是真心想要帮助丹妮尔,那他还可以去寻求平衡二人关系的方法。这种类型的表演者巴不得别人来利用他们,但他们很少直接明确地提出自己想要什么。有一种东西很容易让夫妻关系失去平衡,那就是家庭中最宝贵的、不用带孩子的空闲时间。

如果杰森愿意牺牲一些自主权,均衡而谨慎地平衡空闲时间,那么他们两人都能拥有更多的空闲时间,因为不用再费时间去医院或急诊室了。然而这并不容易,因为丹妮尔可能会说,现在这样就挺好,除了偶尔会肚子疼。当然,这意味着他们一点都不好。

> 第 13 章　被动攻击型表演者：把我们从妖魔鬼怪及其帮凶手中解救出来

这一策略与不去钓鱼、旅行的关键区别在于，它直接而明确地用语言而非症状来表达意图。丹妮尔获得休息的时间并不是因为她生病了，而是因为她应该得到与杰森一样多的休息时间。

像丹妮尔这样的被动攻击型表演者越是强烈地坚持认为她不需要什么，你越是应该坚持认为她需要。

杰森应该勇敢面对的另一件事是他自己的行为。

酗酒者的妻子常常害怕直面丈夫喝酒的问题，所以她们会用生病来表示不满。如果杰森夫妇也存在这样的问题，那杰森也应该去医院评估他的物质使用情况。

被动攻击型表演者所报告的疾病都是含糊不清的，因为它们总是很难被明确觉察。在这些表演者声称所患的疾病中，过敏症比较常见，各种形式的胃肠道疾病也很常见，除此之外，纤维肌痛症、慢性疲劳综合征以及低血糖症也很流行。

许多这种类型的表演者的疾病都是心因性的，源自抑郁、焦虑以及延迟性创伤后应激障碍，他们产生的通常是普遍、令人困惑且沮丧的零星症状。20 世纪 80 年代的一些心理流行病，尤其是性虐待和多重人格的记忆重现，可能就是过于谨慎的医生误将此类型的表演者的躯体化症状当成真实疾病治疗的结果。这些疾病确实存在，但在"唯我"的十年（"me" decade）①的高峰期诊断出的广大患者身上实际并没有这些疾病。

尽管围绕着被动攻击型表演者的躯体和心理障碍存在着诸多模棱两可的问题，但人们仍有一种倾向，那就是认为他们生病就是为了摆脱他们不想做的事情，其实并不完全是这样的。被动攻击型表演者确实摆脱了他们不想做的事情，但他们为此付出的代价却非常高昂。"摆脱责任"的专业术语是"继发获益"，其主要收益是逃避了来自内外的冲突，为此，这类表演者愿意承受痛苦。

被动攻击型表演者的催眠术

被动攻击型表演者比老电台节目《影子》(The Shadow)②更让人捉摸不

---

① "唯我"的十年是指 20 世纪七八十年代著名的美国享乐主义时期，小说家汤姆·沃尔夫称这段时期为"唯我"的十年。——译者注
② 《影子》是 20 世纪 30 年代美国的电台节目，主持人以"影子"为名，讲述侦探小说杂志中的悬疑故事。——译者注

透。他们甚至把自己都催眠了。他们为自己创造了一个幻想世界，在这个世界里，所有人都钦佩和喜爱他们，因为他们从不利己，专门利人，而且从不做任何坏事。他们为了保持这种幻觉而进行的逻辑扭曲足以让所有人都目瞪口呆。

如果你仔细倾听他们的话，那你就会发现自己进入了另一个世界，那里的一切都很有趣，但却不合逻辑——爱丽丝梦游仙境就是一个相当贴切的表演者世界的写照。站在局外看，你会觉得有点幽默，但想生活在其中却是不可能的。

对于来自被动攻击型表演者的催眠，不同的人有不同的反应。有些人深深沉迷其中，甚至想要拯救苍生，而另一些人则觉得无比头疼。大家都被榨干了，尤其是那些努力想让这类表演者承认他们真的生气了的可怜人。

高自尊综合征

玛丽·雪莱（Mary Shelley）[①]著有一本小说，小说的主角是一个悲伤且没有灵魂的危险生物，由一堆不匹配的碎片缝合而成。而这也可以用来描述另一种由20世纪末通俗心理学的残片创造出来的怪物——高自尊的人。

自尊本应是成功的结果，但不知何故，它演变成了失败的原因。过去40年来，人类喜欢把大部分问题归咎于低自尊带来的有害影响。因此，学校教育学生要建立自尊，社会也倡导人们要不断地自我肯定，就好像对自己的良好感受可以转化为成就一样。

现在看来，自尊本身似乎就被视为一种目的，是人类意识的主要动力，就像商界里的动机一样。

这个观点有一个逻辑上的错误，那就是任何能解释万物的概念其实什么都解释不了。然而，最糟糕的问题是，许多提高自尊的方法都无意中使人们变成了被动攻击型表演者。

通过突出成绩、忽略不足来提高自尊，这在理论上没什么问题。但唯一的困难是负面的缺点和不足根本无法忽略，而且还掩盖了成绩，甚至经常投射到其他人身上。一些流行的观点认为，低自尊的产生是因为过去受到过某种形式的辱骂或虐待，因此人们想提高自尊就应该将他们的怨恨释放出来。除了虐待者之外，每个人都应

[①] 玛丽·雪莱（1797—1851）是英国小说家，创作了文学史上第一部科幻小说《弗兰肯斯坦》，被誉为科幻小说之母。——译者注

第 13 章 　被动攻击型表演者：把我们从妖魔鬼怪及其帮凶手中解救出来

该得到爱和肯定，任何使好人感觉不好的东西都可以称之为虐待。

这种通俗心理学方法中缺少的东西与所有的被动攻击型表演者所缺失的东西是一样的，那就是不能直面内心，认识自我的复杂性。人的心里总是不断产生互相矛盾的思想和冲动，我们所面临的最大挑战是理解这种本能与情感的激荡，并将其转化为道德和建设性的行为。

即使我对通俗心理学的认识有所偏颇，也无太多真凭实据，但希望通过提高自尊，让人们更幸福、更成功的想法确实存在诸多没有解决的问题。正如我们在后面关于自恋型勒索者的章节中要谈论的内容，高自尊本身可能就具有破坏力。

九种方法保护自己免受被动攻击型表演者的伤害

不要对被动攻击型表演者生气，放聪明点。

1. 了解他们，了解他们的过去，了解你的目标

通常，被动攻击型表演者都遭遇过人际关系问题，而据他们说，这些问题莫名其妙，使他们十分苦恼。他们的世界是二维的，不是恶棍就是受害者。在求职面试中，他们通常会讲述他们在上一份工作中与他人产生的性格冲突。在相亲时，他们也可能会告诉你他们上一段失败的关系，因为你是个好人，会理解他们的。要小心的是，无论你是不是好人，他们在下次面试或下次相亲时，还会这么说。

这些倒霉的勒索者越是喜欢、越是尊重或者越是害怕你，他们就越不容易直接说出"我很生气"或者"我不想这样做"之类的话。他们必须依靠"不小心误解了你"，或者强迫自己忘记你做的事，甚至通过生病或崩溃来替他们表达。事实就是这样的，只能接受，不然就会付出代价。如果你想让他们承认自己的实际动机，那恐怕你要感到头痛了，因为那是他们绝对做不到的事情。

即使被动攻击型表演者自己都不理解自己的动机，你也应该理解。

请记住，他们渴望获得赞许，如果没有得到，那他们就会制造麻烦。

对付这类勒索者最有成效的办法就是，通过给予他们想要的赞许来阻止他们的被动攻击性症状爆发，但是给予他们认可也要具体情况具体分析。永远不要让他们去猜你想要什么，因为如果他们猜错了，后果将不堪设想。明确而详细地告诉被动攻击型表演者取悦你的方式，并在他们做到时大声赞美他们。这个策略很简单，几乎万无一失，但却很少被采用，因为赞扬一个让你头痛的人太难了。尽管如此，这个策略也比其他策略要容易得多。

只要向他们传达明确的指示，对他们的成功赞不绝口，被动攻击型表演者就能够做好大多数社交任务，甚至比正常人做得都好。他们可以成为体贴的朋友、忠诚的爱人和勤奋的员工。只要他们能够得到回报，他们很愿意付出付出再付出。那万一有一天他们不付出了怎么办呢？没关系。如果你尝试用逻辑来分析被动攻击型表演者的行为，那到最后总会感到沮丧和困惑。相反，你只要爱他们，赞美他们就可以了。如果你做不到，那还是离他们远一点吧。

2. 向他人求证

一些失落的被动攻击型表演者会带着各种关于谁对谁说了什么、做了什么的故事来找你。重要的是要记住，他们的观点常常被"我不可能做错任何事"的信念所扭曲。这类表演者讲的故事可能很戏剧化也很有说服力，但在你没有证实的情况下，永远不要相信他们。

如果被动攻击型表演者告诉你有人对你感到不满，那这实际上是他们对你不满。这些勒索者提出要求的方式就是告诉你是别人想要。

与被动攻击型表演者打交道会教你一个关于人际交往的重要真理——你永远不可能知道发生了什么事情，因为事情的来源都不客观。不同的人会根据自己的需要以不同的方式看待同一个事件，而你最后得到的验证也总是别人的主观判断。

3. 为他们所不为

认清自己，认清自己的动机，不管是可接受的还是不可接受的。你可以假设你一直是为了自己的利益而行事，这样你就会知道你期望得到的是什么。

直接一点，告诉人们你期望得到什么，明确表达你的感受和你想要的东西。如果你感到生气，那就直接说出来，而不要试图将攻击伪装成建设性的批评。当然，最好是等到不那么生气的时候，再来解决与被动攻击型表演者的问题。和应对所有的勒索者一样，你应该思考的是你希望事情怎样发展，而不是思考已经发生了的事情到底是怎么回事。让你的目标决定你的行动。这话说起来容易，做起来可就难了。

4. 要观其行，而不是听其言

被动攻击型表演者最让人受不了的是，他们总是言行不一。如果你问他们想要

第13章　被动攻击型表演者：把我们从妖魔鬼怪及其帮凶手中解救出来

什么，他们会说他们想让你快乐，但实际上他们做的事情让你非常痛苦。

从表面上看，他们的行为完全说不通，但这其中隐含着潜在的逻辑。如果你想了解表演者，那就请把他们的行为当作一首悲愤的青春期诗歌，诗里讲的是他人的期望如何成为他们永远无法逃离的囚笼。

如果你与被动攻击型表演者产生交集，那你不可避免会被他们视为监禁他们的人。这时，不要试图说服他们，告诉他们"你是自由的"；相反，你应该调整自己的行为，试着成为一个富有同情心的狱卒。

5. 择战而赢

不要试图让被动攻击型表演者承认他们的真实感受，想都不要想，那只会让你头痛得更加厉害。不要指望他们会直接与你讨论问题，那么做还不如要求他们用押韵的对联和你说话。

与被动攻击型表演者在一起，没有一场战斗是你能打赢的。一旦开战，你就已经输了。

你能获胜的战斗只有与自我的斗争。应对被动攻击型表演者需要你战胜自己"这件事应该这么做"的想法。

6. 利用强化原理

无论是在工作中还是在日常交往中，被动攻击型表演者都希望他们的所作所为能被评为优秀。因此，你可以利用他们对赞许的强烈需求来减少他们的被动攻击行为。以下是一些建议。

- **时刻注意他们的一举一动**。如果你忽略了一个以获得你的关注为主要目标的人，那么后果真的很严重。记住，你不是唯一使用强化策略的人。烦恼是修改你的行为的强大工具。如果你没有注意到被动攻击型表演者所做的值得称赞的事情，那你可能就要头痛了。
- **让强化关系一目了然**。被动攻击型表演者想取悦你，并希望你能以取悦他们作为回报。如果你没有明确说明你想要什么，那这些勒索者就会给你他们认为你应该想要的，并期望你用他们想要的东西来交换。如果你足够理智，那就绝对不要接受这种不明不白的交易，不管它表面上看起来多么诱人。相信我，如果你接受了，那你一定会付出代价的。如果不用猜来猜去，那你和勒索者的生活都会容易很多。

如果你与被动攻击型表演者一同工作或生活,不妨直接告诉他们你希望他们做什么。

- **始终给予大量正面反馈。** 明确的指示虽然必要,但不会像你想象的那么好用。被动攻击型表演者用误解和被误解来适应这个世界,而他们从未误解的东西就是赞美。因此,把他们夸上天吧。
- **不要惩罚他们,那永远都是无用的。** 斥责被动攻击型表演者会使情况变得更糟,因为这会使他们有更多的理由要挟你,或者报复你。任何形式的批评导致的都是你事后的安抚解释,而不会改变他们的行为。在你试图让他们感到内疚的同时,还引发了怨恨。对于所有的被动攻击行为,预防是最好的策略。我们之前就说过这一点,但它太重要了所以要再说一遍。

大多数被动攻击者,无论是不是勒索者,都感觉自己长期不受重视。因此,他们比其他人需要更多的赞美。这个数字至少是你需要的四倍(如果你是典型的大男子主义者,这个数字则更大)。

- **保持一致。** 如果你设置的强化关系并非适用于每个人,那就无论何时,对谁都不要用了。
- **要公平。** 被动攻击型表演者恨不得乞求你利用他们。千万不要这样做,否则你一定会后悔的。你想让他们怎样对待你,你就怎样对待他们。
- **要敏感。** 如果你确信被动攻击型表演者对你暗含敌意,那也不要揭穿。相反,你可以利用一种积极的方式来解决这个问题,毕竟所有的表演者真正想要的只是你的认可。

7. 战斗时,小心措辞

告诉被动攻击型表演者他们做错了什么以及为什么这么做是错的,不会对事情有任何改善作用,反而会让情况变得更糟。很多人会认为是他们没解释清楚状况,所以他们会再解释一遍,然后加上更多的细节。工程师及其他左脑功能发达的人尤其容易犯这种错误。但他们的费尽心思只会带来更多的麻烦。

与被动攻击型表演者相处往往涉及语义学上的问题。你的话必须反映出对他们的世界观的理解,但不能要求他们接受你的观点。被动攻击型表演者生活在一种幻想世界中,在那里他们的思想是纯洁的,他们的动机是无私的,他们的错误都是由误解造成的。你必须先让自己置身于这种幻想世界中才能与他们进行有意义的沟通。

> 第13章　被动攻击型表演者：把我们从妖魔鬼怪及其帮凶手中解救出来

你应该以一种不会侵犯他们对现实的看法的方式来表达一切。不要批评他们，而是要承认被动攻击者已尽力了，然后委婉地告知他们如何才能做得更好。同时要记住，当你生气时，不要和他们说话，因为他们会将你带有情绪的话语视为语言暴力。

如果你在自己的话里带上"以个人名义请求他们提供帮助"，那么他们会做得更好，同时你要说明你愿意做什么来回报他们。不用去解释，只需提出要求并给出回报即可。

如果被动攻击型勒索者看起来很生气，而你想知道为什么，那你可以间接地去打听，可以询问他们其他人在担心什么。务必使用情感色彩不那么强烈的词汇，比如"忧虑"或"担心"来描述情绪状态。被动攻击型表演者通常会很高兴地告诉你一些可能会给别人带来困扰的事情。一旦他们有机会表达他们的担忧，不管有多间接，他们都可能不再会采取实际行动了。

8. 无视愤怒

被动攻击型表演者会通过被动的形式发泄怒火。当他们对你感到不满时，他们会通过装病、误解你的指示或与别人谈论你而表现出来。如果你对此感到生气，那他们就会认为你是施暴者，并且觉得有理由采取进一步的报复行动。从短期来看，对这些事情置之不理似乎比较有效，让他们想对你做什么就做什么吧。错，大错特错！

应对这类勒索者如此困难是因为他们中的大多数人都会通过推卸责任的方法，被动地处理怒火。这种方法导致的一个严重后果是，当下一次有更加难处理的事情时，表演者将通过"应付不来"来推脱。

9. 了解你自己的底线

如果你无法控制自己的脾气，那么你千万不要与被动攻击型表演者打交道。他们不仅会让你恨他们，还会让你恨你自己。如果你对某个勒索者生气了，那就在你对他许下让你后悔的承诺，采取让你追悔莫及的行动之前，立即起身走开，冷静下来。

被动攻击型勒索者本身不会造成太大的麻烦。他们的动机很简单，只是想获得赞美和关注。真正的问题是，他们烦人的行为可能会让你分心，使你把交战的目标转移到他们身上，从而忽略了真正重要的战斗是战胜自我。

EMOTIONAL VAMPIRES
第 14 章
生活中的表演型勒索者

如你所见,有两种不同类型的表演型勒索者:一种是浮夸型表演者,另一种是被动攻击型表演者。从表面上看,二者似乎截然不同,但本质上却非常相似。这两种类型的表演者都会迷失在自己扮演的角色中,而当观众对他们不够认同时,他们都会感到绝望。只要拒绝了他们,无论拒绝的程度如何,都会遭到他们的强烈报复。无论表演者扮演的是秀场女王还是可爱的流浪儿,他们打击爱他们的人就和海豹突击队(SEALS)打击恐怖分子的效率一样高。

表演型勒索者的武功套路

仔细想想,你身边的人的许多举动都可能反映出他生气了:嗤之以鼻、发出不屑的哼声、叹气、翻白眼、说出含有批评意味的词语,甚至是默不作声。这个列表无穷无尽,而表演型勒索者会用列表上的所有举动来严惩尚未意识到自己情绪的朋友、恋人和家人。最常见的模式是这样的:

勒索者:(哼了一声)

受害者:"怎么了?"

勒索者:"没事。"

受害者:"'没事'是什么意思?每次你发出这种声音,都是对什么事感到不满了。告诉我,怎么了?"

勒索者(停顿了好一会儿):"没事。"

第14章　生活中的表演型勒索者

受害者（越来越激动）："你总是这样。你'哼'了一声，就开始板着脸，然后你却说没事。我知道一定有什么在困扰着你，你为什么不告诉我到底是什么事？"

勒索者（声音冰冷）："我说了，什么事也没有。"

受害者（大喊）："我知道肯定有事！我求你告诉我是什么事，不要总是只坐在那里板着脸，还说什么事都没有！"

勒索者："你真的需要控制一下你的脾气了。"

应对这类攻击的唯一方法就是使用心理柔道。

勒索者：（哼了一声）

受害者："怎么了？"

勒索者："没什么。"

受害者："哦，好的。"（去别的房间。）

与被动攻击型表演者维持关系可能很煎熬也很困难，这是一场反抗兜圈子的永恒之战。我希望本章的内容能够帮助你与生活中的表演型勒索者进行战斗，当然最好是能避免战斗。

我的母亲是秀场女王

卡莉的母亲（请叫她利兹，不要叫阿姨）的服饰总是最新款式。但这些款式都是适合18岁的人穿的，而利兹已经52岁了，并且她的身材已经胖得无法用丰满来形容了。她戴着鼻钉，腰背上还有文身，有两缕头发还染了明亮的橙色。利兹精力旺盛，一天叽叽喳喳地说个不停，但她所说的话又总是不合时宜。她会与任何一个她看上的男人调情，无论他们的年龄大小。她还会一次又一次地因为各种小事奔来跑去，就好像这些事是大力神赫拉克勒斯（Hercules）[①]的任务一样。尽管如此，大家好像都很喜欢她，不过不是利兹以为的"一辈子的好朋友"，而是因为对她好奇。卡莉爱她，但这样的母亲让她感到很尴尬。

卡莉曾几次试图告诉利兹她的衣服、她的行为简直一团糟，没有人是真心待她的，但利兹就是不明白。

也许不明白的是卡莉。如果你的生活中有一个浮夸型表演者，那么你很容易就会感到尴尬和恼怒，因为你一眼就能看透他们的花招是为了博人眼球，但他们却完

[①] 赫拉克勒斯是古希腊神话中最伟大的英雄，他力大无穷，解救了被缚的普罗米修斯。——译者注

全不在意别人的眼光。

是的，利兹是很过分，但那是她自己的选择。如果卡莉感到愤怒，那她就是那个被榨干的人。

卡莉感到尴尬是因为，她想象着，如果人们认为她和利兹一样愚蠢，那是多么可怕。这种想法让卡莉感到畏缩，不想与她的母亲一起出现在公共场合。同时她也感到内疚，因为利兹真的是一个善良而慷慨的人，也真的很努力地想让人们喜欢她。她甚至愿意把她的运动背心给你穿。

如果你的生活中有浮夸型表演者，那这就是你将面临的困境。

你无法想象别人将你视为小丑，并且你认为，在她（或者他——我们将在本章后面讨论男性表演者）的内心深处，也不希望被这样看待。但你必须记住的是，对于浮夸型表演者来说，没有内心深处。他们就是自己扮演的角色，就是这样。他们会尽一切努力获得关注，你可以为他们感到尴尬，但也可以像其他人一样，坐下来观看他们表演。

卡莉的确有另一种选择，但那更困难、代价也更高。她可以尝试为利兹创造一个新的角色，比如为她购买几身非常别致、适合她的年龄段的服装，或者为她预约镇上最好的美发店（事先与设计师商量好不能剪的发型）。如果利兹认为她的新形象真的很适合她，那她可能就会做一些与之相匹配的行为，如更换配饰。不过也有可能一周后她就又穿回她的运动背心了。这都无法保证。

如果你打算尝试这种策略，那你还需要把她带到一个能让她成为舞会焦点的地方。如果有足够多的人赞美她看起来很有魅力，那她更有可能会接受这种新风格。

但是请注意，让一个浮夸型表演者焕发新面貌绝不应该在你想成为焦点的时候，比如你的婚礼。你最好提前几个月就开始改变她，以便让她有时间适应新角色。

八卦女王

还有一些表演者，他们并不像浮夸型表演者那么可爱又"人畜无害"。

勒索者劳伦给阿曼达打电话。在闲聊中，劳伦提到她担心斯蒂芬妮。

"最近她表现得很奇怪，好像很抑郁。你有没有注意到？"

"没有啊，我没注意。"阿曼达回答道。"好吧，现在回想起来，她那天晚上好像有点儿发脾气,但我不觉得这意味着她很抑郁。"

之后谈话继续进行,阿曼达并没有多想,直到两天后她收到一条斯蒂芬妮发来的短信:我听说你在生我的气,这是什么情况?

在回短信之前,阿曼达给劳伦打了个电话,她说:"斯蒂芬妮刚刚给我发了一条奇怪的短信,她觉得我在生她的气。"

"我告诉过你,她一直很奇怪。"劳伦说道。

当她的朋友之间产生些摩擦时,劳伦似乎总是能保持中立,冷静而超脱,准备听取每个人的观点并提供有用的建议。阿曼达花了很长时间才意识到,劳伦经常这样添油加醋地搬弄是非,并且拒不承认自己这么做了。

"你告诉斯蒂芬妮我说了些什么关于她的事吗?"

"没有啊,你怎么会这么想?"

阿曼达,别问了!劳伦又在故技重施了。

爱传闲话的人永远不会承认他们把任何事告诉了任何人,甚至在否认的过程中,他们可以传递更多的信息。如果你的朋友圈子里谣言四起,那你几乎可以确定你被人实施了被动攻击。你可能都无法分辨出是谁干的,并且你的任何尝试都只会引发更多关于你的流言蜚语。

想应对一个老练而狡猾的爱传闲话的人,只有一种防御措施:不要与一个朋友谈论另一个朋友的任何事,特别是不要说任何可能会被认定为否定的话(哪怕是模棱两可的话也不要说),也不要试图对任何你所听到的关于你自己的事情进行解释,无论传言是真是假。

如果你遵循这个策略,那你将会远离朋友圈里的是是非非,而这正是你想要的。

你抑郁的姐妹

抑郁有很多种表现,其中最典型的就是一个人会很难过,并且会逃避现实。但表演型勒索者的抑郁不是这样的。他们的抑郁往往看起来像在疯狂地寻找一个可以让他们感觉好起来的人,不管这个人是谁。如果你不幸成为那个人,那么起初你会很同情他们,直到你发现,让一个抑郁的表演型勒索者好起来是一份全职工作。

"我就是不知道问题到底出在哪里。"坦尼娅用她特有的呆板语气说道。

"别这样嘛,阿坦,"你强打热情说道,"不要这么想,你有一份好工作,有关心你的朋友，而且今天天气这么好，多适合去公园散步啊。"

"我知道我应该这样想，"坦尼娅说，"我知道我没有理由伤心，有很多人比我更糟糕……但是我在公园散步时，看到恋人们牵着手，我就会想我到底是哪里不好，就是找不到男朋友，可能是因为我长得不好看。"

"哪有这回事，你看起来挺好的。"

"如果你喜欢胖子的话，那我看着是挺好的。"

"你不胖。"

你想让抑郁的表演型勒索者好起来的谈话根本就进行不下去，所以，试都不要试。这只会让你失望，而且他们也一点都不会好起来。更糟糕的是，你将成为唯一一位"懂她"的人，这意味着你以后要进行更多徒劳无益的谈话，而且通常是在半夜或者其他一些非常不方便的时间。

你正要出门，电话响了，是坦尼娅打来的，她哭了。

"我非常抱歉，坦尼娅，"你说道，"但我现在没有时间说话，我必须在银行下班之前去一趟。"

"没关系，"坦尼娅说，"我不想成为你的负担。"

用不着请心理学家，所有人都明白，在这样的对话中你们两个都在说反话。你无法陪坦尼娅聊天，她并不觉得"没关系"，而你也不觉得"非常抱歉"。你们都太担心对方的感受，所以不敢说出真正想说的话，你甚至可能不知道你真正想说的是什么。前一分钟你还在因被坦尼娅左右了思想而恼火，但很快你又开始责备自己，因为你觉得自己对痛苦中的人居然毫无同情心。坦尼娅肯定也在做同样的事情。你的情绪在内疚和怨恨之间摇摆不定。虽然你们只说了简短的两句话，但它们可以在你头脑里回荡数日。因此，试图帮助表演型勒索者的一个危险之处就在于，这会让你也像表演者一样思考和行动。

为了摆脱这种束缚，你必须做到表演型勒索者做不到的事：认识到内疚和怨恨并不是对立的，它们是同一种感觉的正反两面，无法单独存在。你无法在责怪自己的同时不怨恨别人，反之亦然。

你还需要认识到，你不可能让像坦尼娅这样抑郁的表演型勒索者每次好起来的时间超过10分钟。你真正需要做的，是不要过度关注她的感受以及她的所作所为，这也是心理治疗师治疗抑郁症的方式。我并不是要让你成为他们的治疗师，只是想让你明白，抑郁症是如何被治疗的，这样你就不会采取让你们两人都变得更糟的行动。

心理治疗的关键不是让抑郁的表演型勒索者感觉好转，而是让他们在日常选择中不要想得太多。虽然如果抑郁的人的想法变得更积极，做得更好，他们通常也会感觉更好，但这只是一种积极的副作用。

你应该做的第一件事就是让坦尼娅获得专业的帮助，你要明白你没有能力治疗她的抑郁。

她接受治疗并不意味着你会走出困境。坦尼娅肯定会告诉你，治疗对她没有任何作用。她的心理治疗师不好，而且她服用的药物也没有任何作用。

毫无疑问，抗抑郁药物可以创造奇迹。对于一些幸运的人，药物甚至可以使抑郁消失得无影无踪。而通常情况下，表演型勒索者的情况并非如此，他们觉得药物根本不起作用。其实药物的实际目的本身就不是为了治愈抑郁症，而是为了让抑郁的人感觉好一些，去做那些能够治愈他们的事情。

如果你的生活中有一个抑郁的表演型勒索者，并且你想帮助她，那么在这个过程中你要做的就是鼓励她坚持下去。

抑郁症可被看作因为缺乏积极的强化。无论出于何种原因，总之他们大脑中使人感觉良好的电路罢工了，因此他们很难体验到愉快的情绪。甚至以前喜欢做的事情也无法让他们快乐起来了，所以他们停下来了。他们希望等到他们感觉变好的时候，再去做那些让他们感到愉快的事情。

问题是，如果抑郁症患者只做自己想做的事情，那他们就会变得更加抑郁。因此，治疗抑郁症的第二步就是让他们动起来，打破这一恶性循环。

当然，他们会觉得任何活动都毫无意义，所以不要试图解释，而要让他们为了迎合你去做这些事。

他们不会喜欢这些事，但那又如何？他们不喜欢任何东西。他们负责"喜欢"的软件已经崩溃，需要你帮助他们重新启动。随他们发牢骚吧，只要他们动起来了就好。但即使抑郁的表演型勒索者开始感觉变好了，他们也需要很长时间才能意识到这一点，而向你承认他们好起来了则需要更长的时间。帮助抑郁的表演型勒索者是一项吃力不讨好的任务，这么说毫不夸张。

如果他们对你表示感谢，那可能是因为你没帮助到他们，相反，如果他们因为你的强迫而对你产生了厌烦，这种情况反而更好。

"你似乎有两个选择，"你对坦尼娅说，"你可以坐在这里继续难过，或者你可以出去，在新鲜的空气中难过。我不知道你去不去，反正我要去公园。想和我一起去吗？"

"在什么事情上浪费时间不是浪费呢。"坦尼娅说着，伸手去拿夹克。

既然现在你已经明白你在治疗过程中的角色，我们就可以回头说说那些不合时宜的电话了。下面有一些建议，能够帮助到你，避免你们永远陷在其中。

从字面上理解一切

无论暗示有多么明显，都要忽略。

很明显，坦尼娅生气是因为你不肯放弃你的需求而满足她。她并没有察觉到这些含有敌意的感受，她只是跟随着这些感受行事而已。

当坦尼娅厌恶你的拒绝时，她实际上认为你把她当作一种负担——"我就是一个负担，她这么做是我咎由自取。"她感受到了对自己的敌意，但还没感受到（至少并未有意识地感受到）对你的敌意。这辈子坦尼娅都绝不会指责你是那种让朋友失望的人。"指责你"这件事需要你亲自来做。

只有一种方法可以让你避免陷入这种神经过敏的困境，那就是完全按字面的意思去理解她的话。那些话背后隐藏的含义还是让治疗师们费心去想吧。你想要的只是一种关系，在这种关系中，坦尼娅向你索取她想要的，而你有权选择是同意还是拒绝。因此，即使你觉得她不太清醒，你也要保持清醒。

像心理学家一样思考，但不要像心理学家那样说话。

忽视表演型勒索者的操纵

我们如今所说的"操纵"一词是人类潜能运动①（human potential movement）的遗留物。在那个更简单的世界里，我们不用去迎合别人的期望。操纵，无论是有意识的还是无意识的都是不好的，所以表演型勒索者不会这样做。根据定义，操纵是无意识的。正如我所说，操纵的动词没有第一人称形式。操纵是指父母对我们的管

---

① 人类潜能运动是心理治疗的一种主张，最早于20世纪初由美国心理学家詹姆斯提出。他认为人的大部分潜能因缺乏有利条件而未表现出来，因此主张在心理治疗中采取积极的做法，开发人类潜能。——译者注

束控制，而不是表演者对别人做的那些事。

为了避免无谓的争论，请从你的字典里删除"操纵"这个词。想要有效应对"被操纵"的情况，你需要对他们的行为做出回应，而不是试图向他们解释。

要清楚你的感受，你想要什么，以及你愿意做什么

没有人能否认你的感受。如果你必须要与坦尼娅这种对你进行情感绑架的人谈一谈，那你可以这样做：

坦尼娅，当你说你是负担的时候，我感觉进退两难。如果我去做我的事，那就好像承认你是一个负担。如果我留下来，并试图解释你不是我的负担，那么我必须取消自己的计划，我也会感到不开心。

我知道这并不是你的意图，因为你确实告诉我让我去做自己的事。但我还是感觉，自己好像是一个让急需帮助的姐妹失望的人。但我觉得这是我的问题，对吧？

有时候用这种方式解决问题可以与亲近之人消除误会。坦尼娅保住了面子，你也不会觉得自己很自私。

但一般来说，完全回避问题的效果更好。告诉坦尼娅你想怎么做，然后让你的愧疚感随遇而安吧。

"阿坦，我有一些事情要办，但我七点半有空。到时候给我打电话吧，我们再聊。"

安排会谈

在这里，你友好的治疗师会给你一些建议。我们会定期与客户进行会谈，除非他们遇到了直接的危险，否则我们不提倡他们打紧急呼叫电话。当然，这主要是为了我们自己的利益，但这对像坦尼娅这类难伺候的人来说大有助益。

退后一步，从全局的角度看一看。坦尼娅的紧急事件通常是对日常挫折的过度反应。她在自己的脑海里一遍一遍地回放这些事件，夸大它们的意义，因此每次回放都让她更加抑郁。最后，她崩溃了，于是她拿起电话打给你，希望你能让她感觉好一些。

如果你总是有空，那你就会变成一个情感垃圾填埋场，她可以去你那里尽情倾倒她的悲伤。如果你不在那里，那在你回来之前，她必须学着自己处理她的感受。

如果你有像坦尼娅这样的朋友或家人，那你可以对你的空闲时间做出限制，这对你们双方都有帮助。我不是建议你避开他们,但是在与他们谈论他们的感受时,你最好定好会谈开始和结束的时间。其他时间就做点别的事,比如去公园散步。

男性表演型勒索者

很多男性表演型勒索者的行为与我们眼中的典型女性形象非常吻合,男性表演者并不像你想象的那么少见。芭比娃娃、麦当娜以及"快乐的病人"只是表演型勒索者擅长的一小部分角色,其他很多角色他们也能表演得淋漓尽致。

男性表演型勒索者还喜欢扮演典型的男性角色,比如职业摔角手、完美的爸爸、家里的开心果(或可怜的小丑,取决于你的观点)。

他们扮演职业摔跤手时表现得像打了雄性激素一样,但这一切都是为了表演。你不必害怕。

完美的爸爸上上班,打打高尔夫球,穿着拖鞋坐在那里抽抽烟斗,给你讲讲人生格言……大概就是这样。情景喜剧型的爸爸不会与你产生冲突,也不会施加其他任何情绪负担给你,但是当他们表演给你看时,你最好打起精神来好好欣赏。家里的开心果并不好笑。他们就像你的叔叔那样,一遍又一遍地讲着无聊的冷笑话,把礼貌的笑声当成开怀大笑。如果你为他们感到懊恼或尴尬,那么被榨干的就是你。因此,不妨试着给他们提供一些更好的素材。

这些角色看起来各不相同,但共同点是都需要演技而不是深邃的思想。所以男性表演型勒索者都不是思想家。因此,不要试图与他们谈论比"你觉得道奇队(Dodgers)[①]怎么样?"更深刻的话题。

这些男性表演型勒索者的目标主要不是为了获得关注和赞美,而是希望在辛苦工作一天之后能够获得平和与宁静。他们极力"避免做所有不想做的事",因此,不要用诸如情感生活等不重要的琐事来打扰他们,特别是电视上正播着比赛的时候。

表演型勒索者就是这样,无论男女。你可能不喜欢他们,但你也无法改变他们。如果你试着改变他们,那么你就会被他们榨干,而且不知怎的最终还成了你的错。

对付这类表演者,你最好的防御方法就是去了解他们创作的剧本套路,并利用这些知识,去避免成为他们剧本中的反派角色。

[①] 道奇队是美国加州洛杉矶的职业棒球队。——译者注

EMOTIONAL VAMPIRES
第 15 章
治疗表演型勒索者的良方

如果你在自己或你关心的人身上看到了表演型勒索者行为的迹象，那你该怎么办？这一章会简述各种自助和专业治疗的方法，也许对你会有所帮助。但要永远记住，试图对你认识的人进行心理治疗会让你俩都病得更重。

治疗的目标

治疗表演型勒索者最重要的目标是让他们认识自己，认清自己的需要，并为满足需要而安排好自己的生活。我们曾在第 2 章中讨论过成熟的三个方面：掌控感、联系感和追求挑战。这三项中，表演型勒索者最缺少的就是掌控自己生活的能力，就好像他们的控制点不在自身内部，而是在别人身上，他们认为别人给予的关注和赞同是他们的生存之本。因此，表演型勒索者必须学会照顾自己，而不是利用魅力、付出或乞求关注来得到别人的照顾。

照顾自己的一个层面是学会直接表达自己的需求，而另一个层面则更加微妙，它与自尊有关，更多在于获得的成就而不是他人的肯定。为了让自己感觉良好，表演型勒索者需要为自己设定目标并努力达成，并在此过程中不受自己和他人情绪的干扰。无论他们为自己设定了什么目标，都必须坚持下去。要做到这一点，他们必须学会独立思考而不是"跟着感觉走"。

我描述的治疗过程通常需要专业指导，但是表演型勒索者可以独立完成部分治疗。

寻求专业帮助

与任何其他类型的情感勒索者相比，表演型勒索者更容易投入治疗。他们喜欢治疗，但往往什么也得不到。这是因为，他们认为自己的任务是取悦治疗师。表演型勒索者会很快通过回应治疗师的需求（而不是满足自己的需求）成为"史上最好的病人"。

通常情况下，治疗师真正想要的是患者情绪上的突破，就像我们在电影中看到的一样，患者眼睛里闪烁着顿悟的光芒，瞬间明白了自己所有的问题所在，眼看着他们就做出了改变，而他们每周都会这样演上一遍。他们尤其擅长将自己变成别人想要的样子，但这正是他们问题的关键。

成功治疗表演型勒索者的第一步是选择一个经验丰富、不会被表演型勒索者愚弄的治疗师。

表演型勒索者喜欢新时代（New Age）[1]的方法，因为这些方法能让他们觉得自己好起来了，而且不需要完美的他们做出一丁点改变。

这种疗法就像是做了个日间水疗——虽然有镇静作用，但效果只是一时的。

表演型勒索者从结构化的治疗方法中获益最多。这种方法强调用心思考，而不是夸张地表达情感或漫无目的地叙述无关的感觉。绝大多数表演者，都可以从对过往的认真审视中受益，重点在于认识到自己思想、感受和选择的连续性，而不是罗列别人对他们所做过的事情。如果表演型勒索者觉得治疗百无聊赖又困难重重，那说明他们可能是走对路了。

表演型勒索者的自救办法

表演型勒索者渴望救赎。他们真的是想好起来，但他们不知道该怎么做，所以一直四处求助。他们去图书馆读书，去教室上课，去参加周末休闲活动，但几乎所有事情都坚持不下来，所有的努力都只是流于表面。

瑜伽改变了丹妮丝的生活。她去上过两堂课，这已经对她的感受产生了巨大的影响。她正在考虑在肩膀上文一个唵（Om）[2]，此外，她还在学习阿育吠陀

---

[1] 新时代一词源自"新时代"运动。"新时代"运动企图超越西方科学、思想与宗教的历史传统和固定模式，寻求思想观念、科学精神和宗教灵性上的革新与突破。——译者注

[2] 唵：梵文，在印度教中象征着精神的认识和力量。——译者注

（Ayurveda）[1]烹饪法。

丹妮丝的手腕上仍然戴着她上个月学卡巴拉（kabala）[2]时的红线。而法学课程中的未读文献在书架上已经落满了灰尘。

如果你发现自己有表演型勒索者的倾向，那么下面的练习对你来说将会非常困难，但它们会让你有所改变。

- **无论你选择了什么，坚持下去。**寻求心理健康和人生启迪的途径有很多，但没有一条是容易的，也都没有立竿见影的效果。因此，为自己选择一条正确的路，然后不管前路多么百无聊赖又困难重重，都要坚持到底。
- **让你的思想成为你的向导。**首先，学会认识你的思想和你的感受之间的区别。然后，尝试根据想法做出更多选择。这里有一个训练的好方法——记日记，但不要在日记里写一堆流水账般的日常事务和你的感受，要用日记记录你做出的选择、你为自己设定的目标，以及目标的进展。把你的日记写在 Excel 电子表格上，而不是写在香香的手工纸做成的可爱手账里。
- **从你的字典里删除"我不知道"。**当人们问你棘手的问题时，尽量不要大脑一片空白，要把困难的事情都考虑到。
- **试试为自己做些什么。**尝试一下。你可能会喜欢你自己开的公司。
- **听听"小恶魔"说了什么。**和其他人一样，你的内心中也会有黑暗的一面。你需要认识它，但不必走向它。
- **想要什么就说出来。**每个人都有这样那样的需求。这是一种自然规律，再怎么无私也无法打破这条规律。所以，你最好了解自己想要什么，并向其他人提出来。如果你说了"请"和"谢谢"，那么你提出需求的做法就不是自私的。
- **寻找一个说真话的朋友。**找一个你信任的人，并允许他说出事情的本来面目，哪怕这会伤害你的感情。当那个人跟你说这些时，你要认真倾听。不要轻易放弃他去找个"更好的人"。
- **每天公开表示不同意某人的观点。**心平气和地说，但一定要说出来。
- **知道哪些治疗是有害无益的。**情感勒索者选择的治疗方法，往往会使他们更加糟糕，而不是有所好转。虽然表演型勒索者的疼痛和不适可能是由他们的心理问题导致的，但他们还是倾向于接受内科治疗。如果有两位医生都说这

---

[1] 阿育吠陀：梵文，类似于我国的中医，是印度的传统医学。——译者注
[2] 卡巴拉：犹太神秘哲学。——译者注

个问题是心理问题，那么在进行进一步的躯体检查之前，请咨询精神科医生或心理医生。

许多表演型勒索者都受到过创伤疗法的伤害，尤其是只有当受害者体验了应该体验到的各种症状、经历了他们必须经历的阶段后，这种疗法才有效。表演型勒索者会乐意为满足他人的期望做任何事情，即使这会摧毁他们自己，也会摧毁他们所有的关系，最后幸存的只剩下他们与治疗师之间的关系。

表演型勒索者不应该选择与他们有同样经历的治疗师，即使治疗师声称自己已康复无虞。

有时候，有的表演型勒索者会忘记，真正的恢复意味着抛弃自己曾经的需求，不再依靠别人的关注与赞许，也不再依靠治疗师。

如果你的治疗师在你哭泣时拥抱你，那说明你来错地方了。

EMOTIONAL VAMPIRES

Dealing with People Who Drain You Dry
———— Second Edition ————

第4部分

自恋型勒索者

第 16 章
自恋型勒索者：可怜得只剩下自大

自恋型勒索者不仅心理上有障碍，对宇宙的认识也有些问题。他们觉得地球是围绕着他们旋转的。与追求刺激的反社会型勒索者和爱出风头的表演型勒索者不同，自恋型勒索者只想实现自己的幻想：成为世界上最聪明、最有才能、最完美的人。

有些自恋型勒索者只不过是他们自己的传说，而有相当数量的自恋型勒索者却能娴熟地把他们浮夸的幻想变成现实。也许没有伟大的成就，自恋可能仍会存在，但如果没有自恋，伟大的成就就会不复存在。然而，有一点是可以肯定的：在其他人眼里，这些自恋型勒索者从来没有他们自诩的那么伟大。

自恋型勒索者通常只考虑自己。他们最缺乏的品质就是关心其他人的需求、想法和感受。

这种勒索者有自恋型人格障碍的倾向。这个名字来源于一位希腊青年——那耳喀索斯（Narcissus），他爱上了自己的倒影。对旁观者来说，自恋型勒索者似乎爱上了自己，因为他们总是认为自己比别人更好，但实际情况没这么简单。

自恋型勒索者不只是爱自己，他们恨不得将全部注意力都放在自己身上。他们极度关注自己的欲望，因而无暇关注其他事情。你可以把这种障碍想象成一个双筒望远镜，自恋型勒索者用放大的一面来看待自己的需要，而用缩小的一面来看待宇宙的其他部分，故而觉得其他事物都微不足道。自恋型勒索者认为自己比别人好，是因为他们眼中几乎看不到别人——除非他们需要别人的某样东西。

自恋型勒索者的需求是巨大的。正如鲨鱼必须不断地游泳才能避免溺水一样，自恋型勒索者必须不断地证明自己很特别，否则他们就会像石头一样沉入沮丧的深渊。他们看起来好像是要向其他人展示他们的价值，但真正的观众其实是他们自己。

自恋型勒索者是炫耀的专家。他们所做的一切都是为了给人留下良好的印象。对他们来说，炫耀性的消费对于他们，就像信仰对其他人一样意义深重。自恋型勒索者几乎以一种来自灵魂深处的热情追求财富、地位和权力的象征。如果谈到他们拥有的物品、他们已经或将要做的伟大壮举，以及与他们结伴而行的名人，他们能谈上几个小时。他们经常夸大其词，即使他们有很多可以吹嘘的实际成就。

对他们来说，怎样都不够。这就是为什么自恋型勒索者需要你，或者至少需要你的赞美的原因。他们会尽力给你留下深刻的好印象，以至于你很容易相信，你对他们很重要。这可能是一个致命的问题：他们想要的不是你，而是你的崇拜。他们会把这种"崇拜"吸出来，然后把剩下的都扔掉。

对自恋型勒索者来说，目标、成就和来自他人的赞美本身毫无意义。它们只是燃料，就像水穿过鱼鳃，让鱼能够从中提取氧气一样，该说法的专业术语叫"自恋供给"。如果不能持续证明自己的"与众不同"，那他们就会像缺氧的鱼一样窒息。

自恋型勒索者的特点

要想了解自恋型勒索者的感受，你可以想象一下，假如你是一名高尔夫球、网球或其他竞技运动的运动员，你正在经历职业生涯中最美好的一天。你感觉很棒，但自信和恐惧之间的心理壁垒只有一张纸巾那么薄。一切都取决于下一发球打得好不好，然后是再下一发。在自恋型勒索者的世界中，他们永远都在比赛，且永不停歇。

想象一下，你的压力来源于你生活中唯一有意义的目标——证明你不是普通人。自恋型勒索者最大的恐惧就是平凡。他们感觉不到有什么事物比自己更重要，因为在他们的世界中什么都没有自己重要。他们疯狂地想要证明这一点，除此之外，他们的世界无比黑暗，充满未知的空白。如果他们不那么卑鄙又令人讨厌的话，那你可能会同情他们。

自恋型勒索者通常既有才华又很聪明，但他们也是地球上最不体贴的生物之一。你也许会觉得，这么聪明的人总会明白关心其他人的重要性。做梦去吧。

自恋型勒索者被包裹在自己的梦里，但这个梦并没给其他人留出地方。有个颇具讽刺意味的事实——有时自恋型勒索者的梦想一旦实现，会使全人类受益。他们在艺术、科学、体育、商业等领域都有突出的成就。就此而言，圣人也是他们发明的，然后自己以圣徒自居。自恋型勒索者想要证明他们比我们更好，而这恰恰使我们的生活因此而美好。

自恋型勒索者的困境

与对其他类型的勒索者相比，我们对自恋型勒索者的情感更为复杂。远远看上去，他们是那样美好。我们欣赏他们，甚至对他们充满好感；我们为他们投票，为他们的竞选助力；我们阅读他们的著作，听他们的音乐，在博物馆中欣赏他们的作品；我们在历史课上学习他们的生平事迹，并为他们的成就感到惊叹，我们甚至还把诺贝尔奖颁给他们。

然而，我们走近时会发现，自恋型勒索者是最让人讨厌的一类勒索者，尽管其他类型的勒索者没有他们取得的成就大，甚至还给我们造成更大的伤害。在回忆录中、互联网上，甚至临床病例中描写的大部分关于自恋型勒索者的内容都暗含作者的厌恶，相比之下，危险的反社会型勒索者往往会得到更多的同情。

我们之所以憎恨他们，是因为虽然所有情感勒索者都会利用他人，但自恋型勒索者的做法更加明目张胆，并且毫无愧疚之意。他们坚信自己比其他人更好，应得的更多。这种觉得自己享有特权的态度使我们厌恶不已，有时恨不得把他们送上断头台。

我们憎恨自恋型勒索者。我们谴责他们忽视我们的需求，但却无意识地迎合了他们内心中那个非常需要我们的婴儿。

我们又需要他们。没有自恋型勒索者，谁来领导我们？或者，谁会认为自己有足够的智慧能分辨出领导力源自哪里，自恋的根源又在哪里？

毫无疑问，过分自恋是一件危险的事情。但是多少算过分呢？

那到底什么是自恋？为了生存，我们必须遵循某些本能，把自己的需求放在第一位。所以自恋可能是隐藏在所有动机背后的力量。然而，作为人类，我们必须保持这种力量与责任之间的平衡。和自恋的困境做斗争是我们终其一生要做的事。

情感勒索者从来都没有在自恋的困境中挣扎过。反社会型勒索者忽视它，因为

第 16 章　自恋型勒索者：可怜得只剩下自大

觉得无聊。表演型勒索者假装他们从不为己，专门为人。自恋型勒索者认为所有人都应该满足他们的需求。因此，情感勒索者被迫向其他人寻求答案，而这个答案，我们也一直在苦苦追寻。

答案是什么？一位伟大的导师曾这样总结："己所不欲，勿施于人。"

自恋型勒索者不假思索就能打破这一黄金法则。这难道就意味着他们是邪恶的，还是只是无知而已？你的答案将决定他们会对你造成多大的伤害。

最容易被榨干的方式就是自恋型勒索者不为所有人着想，你却以为他只对你这样。你认为，一定是你在他心中的形象十分不好才会这样，并为此心烦意乱。要记住最重要的一点，自恋型勒索者的心中根本没有你。

自恋与自尊

自恋与高自尊不一样，自尊的概念只对没有自尊的人才有意义。自恋型勒索者不需要用这个概念来解释为什么他们是与众不同的，就像不需要用概念给鲨鱼解释为什么要在水里游一样。

你可能会分辩说，他们需要不断的自恋供给来使他们振作起来，而这足以证明他们生活的全部目的就是为了维持他们可怜的自尊。这可能会导致你误以为只需要教会他们如何调整心态，就能够治愈他们，让他们放松下来，做回正常人了。这个美好的愿望可能会浪费你一生的精力。我们将在下一章中讲到原因。

识别自恋型勒索者的心理测试

是非题（每选择一个"是"得1分）

1. 这个人比大多数人同龄人获得的成就要多。　　　　　　　□是　□否
2. 这个人坚信他比其他人更好、更聪明，或更有才华。　　　□是　□否
3. 这个人喜欢参与竞争，但却输不起。　　　　　　　　　　□是　□否
4. 这个人幻想着干一番伟大的事业或者出名，并且经常假想这些
   梦想已经实现。　　　　　　　　　　　　　　　　　　　□是　□否
5. 除非他想从别人那里得到某些东西，否则这个人不会在意别人
   的想法或感受。　　　　　　　　　　　　　　　　　　　□是　□否
6. 这个人说话时总抬出名人显贵来，以自提身价。　　　　　□是　□否

7. 对于这个人来说，住在合适的地方并与合适的人交往非常重要。　□是　□否
8. 这个人利用其他人来实现他自己的目标。　□是　□否
9. 这个人通常认为自己与众不同。　□是　□否
10. 当被要求担负起对家人、朋友或同事的责任时，这个人经常会置之不理。　□是　□否
11. 这个人经常无视规则，或者期望规则能因为他的某种特殊原因而改变。　□是　□否
12. 当其他人没有主动按照他的意愿做事时，即使他们有正当理由，这个人也会生气。　□是　□否
13. 在评论体育和文艺时，这个人会告诉你如果是他会怎么做。　□是　□否
14. 这个人认为别人对他的大多数批评都是出于嫉妒。　□是　□否
15. 这个人把任何不够崇拜的态度都视为拒绝。　□是　□否
16. 这个人生性就认识不到自己的错误。偶尔这个人会承认错误，但即使微不足道的错误也会使其产生严重的抑郁。　□是　□否
17. 这个人经常诡辩说那些比他更有名气的人实际上没有那么厉害。　□是　□否
18. 这个人经常抱怨被虐待或误解。　□是　□否
19. 大家对这个人的态度两极化：非爱即恨。　□是　□否
20. 尽管自视甚高，但这个人真的很聪明，且才华横溢。　□是　□否

得分：达到 5 分即可将该人定义为自恋型情感勒索者，但不一定是自恋型人格障碍。如果这个人的得分高于 10 分，而他又不是王室成员，那么请注意，当心被他当作仆人使唤。

心理测试的内容

心理测试中涵盖的具体行为包括以下几种潜在的能够定义自恋型勒索者的人格特征。

广而告之的才华与智慧

你听到的关于自恋型勒索者的第一件事就是他们非常聪明，又有才华。事实上，这可能是自恋型勒索者亲口告诉你的，毕竟他们夸自己时完全不会脸红。

相当多的自恋型勒索者都知道自己的智商分数，并且他们会偷偷加上几十分后告诉新结交的朋友。

第16章 自恋型勒索者：可怜得只剩下自大

自恋型勒索者吹嘘出来的智商不会只有130，虽然大多数常用的测试通常不会得出高于该分数的结果。如果一个自恋型勒索者自诩自己的智商为160，那你就可以问他："你做的是什么测试？"然后就可以等着看乐子了。

除了智商之外，这些勒索者还会告诉你，他们遇到过名人，并且给他们留下了不错的印象。

在研讨会和其他一些会议上，自恋型勒索者经常举手发言，但他们从不提出实质性的问题。他们只是略做评论，为了向所有人证明，自己与坐在主席台上的人知道的一样多，甚至比他们的知识还要渊博。

在你的生活中闪亮登场后，很长一段时间内，自恋型勒索者都会一直试图用天赋和智慧迷惑你。他们会一直这样下去，直到你不再明显表示敬佩为止。然后他们就懒得理你了。

成就

大多数自恋型勒索者都获得过不小的成就来支撑他们对自己的高度评价。与其他喜欢假装的勒索者不同，自恋型勒索者非常愿意为了荣耀而努力。

在他们的职业生涯中，这些勒索者通常都是专注且目标明确的。许多自恋型勒索者都是工作狂，但他们与表演型勒索者不同。表演型勒索者为了获得赞同和关心能把自己累得半死不活，而自恋型勒索者只接受那些能带来金钱、名誉或权力的任务。

浮夸

自恋型勒索者总是恬不知耻地梦想他们多么优秀，每个人都很欣赏他们，每个人都应该欣赏他们。

如果你非要跟他们对峙，那他们会承认，自己只在某个领域是最优秀的。其实，用不着你提出异议，他们也会说的。

权力感

自恋型勒索者认为自己非常特别，因此一般人的规章制度不适用于他们。

他们希望无论去哪里，都会有人为他们铺红毯。如果不是这样他们就会非常生气。

他们从不等待别人，也不做废品回收这样的事；他们不按零售价买东西，也不排队；他们开车时不让其他人超车，所欠的所得税与小说巨著应缴的数额差不多。疾病甚至死亡，都不能成为其他人无法立即满足他们需求的理由。他们毫无顾忌地利用他人和规则来谋取私利，甚至还会吹嘘自己是怎么占了每个人的便宜的。

喜欢竞争

自恋型勒索者喜欢竞争，但只喜欢那些他们能获胜的竞争。通常，他们会尽一切努力赢得胜利，无论是通过反复练习还是暗中做手脚。

自恋型勒索者沉迷于地位和权力。他们会为了能在角落办公室办公与他人打得你死我活，这并不是因为他们想要好的景致，而是因为他们知道角落办公室在公司等级结构中的意义。他们知道每个层级中的一切都意味着什么。他们穿什么衣服，开什么车，住在哪里以及与谁见面都不是基于"是否喜欢"这种愚蠢的随机选择。自恋者所走的每一步都是自我扩张中的一块积木，这也是他们生活的主要意义。

明显的无聊

除非谈话的主题是夸奖他们，否则自恋型勒索者会觉得很无聊。自恋型勒索者佩戴昂贵手表的主要原因之一就是当别人说话时，他们可以看表。

除了无聊之外，自恋型勒索者只有两种情绪状态：他们要么处于世界之巅，要么处于垃圾堆深处。小小的挫折可能就使他们火冒三丈并将他们推向抑郁的深渊。

缺乏同理心

对于自恋型勒索者来说，其他人存在的意义就是为了满足自己的需求。与其他类型的勒索者相比，自恋型勒索者无法将其他人看作同样拥有需要、才能和欲望的人。毋庸置疑，缺乏同理心是给爱他们的人带来极大痛苦的根源。

虽然这些勒索者缺乏人性的温暖，但还是有人想去爱他们。这很不幸，而且似乎非常不公平。许多人认为自恋型勒索者不爱他们是自己的错。他们会不断努力，有时终其一生都无法意识到，自恋型勒索者不爱他们，是因为自恋型勒索者根本没有爱。

自恋型勒索者与反社会型勒索者有一个特别可怕的共同特征，就是当他们想要某些东西时，他们能够装作善解人意。自恋型勒索者是世界上最好的马屁精，他们在榨干你的同时，能把你捧上天。毋庸置疑，这种才能使得他们在政治活动中很出色。尽管反社会型勒索者和表演型勒索者也可以性感无比,但最擅长诱惑他人的还要数自恋型勒索者。

不接受批评

自恋型勒索者最害怕的就是做一个普通人。在他们眼中,上帝不允许他们做平凡的事情,比如犯错误。因此,即使是最轻微的批评也会让他们感到万箭穿心。如果你谴责自恋型勒索者,那他们会向你详细地解释为什么你的观点是错误的。而如果你的观点不幸是正确的,那他们就会在你眼前融化成可怜、幼小又无助的婴儿,需要大量的安慰和赞美才能让他们活下去。你根本赢不了他们,因为自恋型勒索者无法用客观的态度面对自己的过错。

其他人的矛盾心理

其他人对自恋型勒索者的情感通常很矛盾——要么因为他们的才能而欣赏他们,要么因为他们明目张胆的自私行为而憎恨他们,或者这两种情绪都有。很难说清什么带来的伤害最大——是自私、仇恨还是爱情。

自恋型勒索者总能知道能从你那里得到些什么,而且他们会毫不犹豫地向你索要,或者一声不吭就直接拿走。为了对付这些自私自利的熊孩子,你也必须清楚自己想从他们那里得到什么。一定要极力讨价还价,并且要坚持让他们在得到他们想要的东西之前先付出代价。请记住这条规则,其他的都不重要。

好吧,也许还有一件事需要记住:除非你想让自己伤心,否则千万不要让自恋型勒索者在你和他们的最爱——自己之间做出选择。

EMOTIONAL VAMPIRES

第 17 章
"传奇人物"型自恋者：
他们这么有才华，哪用得着表演

自恋型勒索者的身上同时蕴藏着成功与失败的种子。想要出人头地的宏伟梦想可以用来指引未来，也可以为他们粉饰失败。

许多自恋型勒索者都渴望取得成功。在他们眼里，只要能拥有一间属于自己的办公室，赚到很多钱，他们就能获得所需的自恋供给。因此，那些在职业生涯中表现不佳的可怜的自恋型勒索者只得争先恐后地参与竞争，以获得他们自认为应得的赞赏。

而那些无法将宏伟梦想变为现实的自恋型勒索者，可能会直接住进自己编织的梦境中。在他们心中，"我"就是"传奇人物"。

哪怕根本没有客观事实作支撑，"传奇人物"型自恋者都自视比其他人更富有才华和智慧。他们擅长寻找能够让他们成为大鱼的小池塘，然后从一些人身上索取自恋供给，而那些人需要被人需要，就像自恋型勒索者需要被人崇拜一样。

房间里很安静，只有勒索者泰勒在电脑前敲击键盘的声音。

"泰勒，凌晨两点了，你还在上网吗？"克莉丝汀在卧室里叫他。

"我就快结束了，"泰勒说道，"我马上就上床睡觉。"

"来吧，亲爱的，休息一下，互联网也不会跑，明天早上还可以上啊。"

"我知道我知道，我马上就睡。我正在和一个挪威的商人谈一桩大买卖。"

快成交一次吧！克莉丝汀在心里咆哮。在过去的六个月里，自泰勒创办自己的

第17章　"传奇人物"型自恋者：他们这么有才华，哪用得着表演

网站 Netmarket.com 以来，尽管他一天到晚都在努力，但销售额始终没有实现零的突破。泰勒的项目想法很好，这是一个面向小企业的订购采购平台，通过它可以把全球各地的客户与供应商联系起来，赚钱的潜力巨大，克莉丝汀也一直关注着这个计划。

但话说回来，泰勒所有的想法都很棒。他的创造力是克莉丝汀崇拜他的原因之一。只要泰勒开口说话，他就能让她以不同的方式看待世界。

但有趣的谈话赚不来面包，克莉丝汀对 Netmarket 并不抱太大希望。但泰勒说，网站步入正轨只是时间问题。

克莉丝汀不禁担心，时间不早了。躺在床上听着键盘敲击发出的柔和声音，她满怀希望今晚就是成功来临的时刻。如果泰勒能用自己的项目赚到钱，那真是太好了，他们就有更多的钱可用了。这并不是说要给他施加任何压力，自从她升职以来，他们靠她的工资也能够维持生活，但只是勉强维持。她真心希望这个项目能够让泰勒如愿以偿，并从此开始转运。

半小时后，键盘声仍然咔咔作响。如果这是泰勒的重要时刻，也许她应该在那里支持他。于是，她从床上爬了起来，轻轻地走进办公室，站在泰勒身边。

泰勒就是一位"传奇人物"型自恋者。他确实对采购的知识了解颇多。你要是问他，他会毫不犹豫地告诉你，他比大多数商学院的教授知道的都多，更不用说曾经与他共事的五六位采购经理了。同时，他也会不遗余力地向你解释，是因为他的想法太激进了，以至于很多人根本不理解这些想法有多伟大。

克莉丝汀试图理解他的想法。她爱泰勒，并希望能助他成功。她知道他有多努力、多焦虑，在工作不顺利时压力有多大。泰勒认为，帮助他就意味着让他不用做任何可能会让他分心、会耽误他完成项目的事情。所以克莉丝汀要一边赚钱，一边做家务，还要照顾孩子。她觉得如果她所做的这些能帮助泰勒取得成功，那么这一切就都是值得的。更重要的是，克莉丝汀希望泰勒能够看到她为他所做的牺牲，知道有人相信他、关心他，也许这会让泰勒相信自己，并且尽他所能摆脱当前这种可怕的困境。在夜深人静的时候，她也会想，自己所做的这一切到底对泰勒有没有帮助。

然而并没有。克莉丝汀的支持与鼓励对泰勒来说，没比他呼吸的空气有用到哪里去。他可能需要它，但他从不会想到它。和大多数自恋型勒索者一样，泰勒只关注那些他觉得可能会失去的东西。而克莉丝汀就在他身边，充满爱意，忠诚可靠，因此几乎被他无视了。克莉丝汀感到很痛苦，因为泰勒并不认可她的努力，而她又无法主动为自己辩白。如果她倒下了，她也希望有人能站在她身后。

在与情感勒索者交往的过程中，克莉丝汀犯下了最危险的错误。她基于对自己的了解，想当然地认为泰勒也是这样。克莉丝汀有时也不够自信，当她搞砸某些事时，即使是小事，她也会觉得自己很失败。克莉丝汀想象着，如果她像泰勒一样被解雇并且赚不到钱，那她会相当低落，泰勒可能也是这种感觉。所以，遵循黄金法则，她试图给他提供一些可能对她而言有用的帮助。

当其他人给予克莉丝汀关爱、支持和鼓励时，她会感到信心满满，从而振作起来，去做需要她完成的事情。在这方面，克莉丝汀和大多数人一样。但自恋型勒索者不是这样的。

自恋型勒索者绝不会出现自信不够的问题。尽管遇到挫折，泰勒也毫不怀疑他的自我价值。泰勒垂头丧气时，他并不是在指责自己，而是觉得自己受到了伤害和虐待，因为人们意识不到他的想法的价值，也没有推崇他为所属阶层的领袖。"传奇人物"型自恋者永远不会想到，他的挫折就是他自己造成的。即使泰勒经历了一段时期的挫折，到处跟别人说自己多么失败，他想寻找的也不是能让他做得更好的建议，而是想要有人能给他安慰，说出他想听到的那句话——其实你很优秀。不幸的是，克莉丝汀正是这么做的。

那克莉丝汀应该做些什么呢？为了回答这个问题，我们必须更仔细地研究一下，到底是什么阻止了既有才能又有智慧的"传奇人物"型自恋者发挥潜力呢？

"传奇人物"型自恋者如何成了自己成功路上的绊脚石

"传奇人物"型自恋者通常头脑灵活且创造力十足，但要想在事业上取得成功所需要的素质远不止于此。具体来说，还有两种能力是必需的，那就是能因为工作需要去做你不想做的事情，并能够向别人推销自己和自己的想法。自恋心理妨碍了人们学习和实践这两种技能。"传奇人物"型自恋者认为他们的想法非常好，以至于他们可以不用亲自去做那些烦琐的具体任务就能获得成功。我们在下一章中要讲的"超级明星"自恋者愿意尽一切努力去取得成功。而本章的传奇人物们则认为，成功唾手可得。

与许多"传奇人物"型自恋者一样，泰勒选择了自己创业，因为在他眼里，做职员需要说的废话太多了。

想要在任何商业活动中取得成功，你必须将自己全身心投入其中。这通常意味

第17章 "传奇人物"型自恋者：他们这么有才华，哪用得着表演

着你要经历一个做基础工作的初始阶段，新人总要从这些事情开始。所以，这些传奇人物们很快就发现，他们被安排做的工作毫无意义，并且他们总认为是因为自己智商超群，所以首先发现了这个惊人的事实。而且，通常他们会以此为借口去逃避那些他们认为不重要的任务。

这种做法有两个问题。首先，在"传奇人物"型自恋者看来，"不喜欢的"就是"不重要的"。不管是给陌生人打电话，还是核查事实和数据，每项工作都需要你做不愿意做的事。无论你喜不喜欢，向成功迈出的第一步都是要学着什么都做。

其次，"传奇人物"型自恋者对于基础工作的敷衍态度，还有一个问题就是，对"传奇人物"型自恋者来说不重要的东西对其他人来说可能至关重要。对于已经在商界摸爬滚打了20年的人来说，在每一步都要付出代价的情况下，一个从不按时上交文书工作的新雇员希望能按照自己的想法重建企业，这简直不可想象。

除了做必要但无趣的工作之外，成功还需要具备销售能力。首先，销售意味着多关注其他人，以便知道他们会购买什么。而"传奇人物"型自恋者完全不关心别人想要什么，他们认为自己就是最好的招牌，什么都不用做其他人就会蜂拥而至，这使得他们完全干不了销售。他们所认为的推销就是简单勾勒出他们的想法，然后表现得好像"如果你不买，你就是个傻子"。

泰勒错误地认为，拥有自己的企业将使他不必去做那些能够使其他企业取得成功的事情。

"传奇人物"型自恋者无视自己对他人产生的影响，这让他们对自己的行为后果一无所知。像反社会者一样，他们可以一遍又一遍地犯同样的错误，就是不吸取教训。如果"传奇人物"型自恋者发现自己目前的行为无法让自己得到想要的东西，那他们也许会改变自己的行为。有趣的是，他们很难意识到这一点，因为其他人无法以自恋者能够理解的方式向他们解释问题。

"传奇人物"型自恋者的催眠术

"传奇人物"型自恋者创造出一个替代现实，把强者拒之门外，把弱者吸引过来。

他们相信自己是最棒的。那些不够自信的人会被他们这种笃定的态度所吸引。当这些勒索者想要得到谁时，他们就会让这个人感觉自己是世界上第二个与众不同的人。

在漆黑的走廊里，克莉丝汀向泰勒的办公室走去，她想起了她和泰勒刚认识时的情景。他给她发短信，发电子邮件，甚至亲手写信给她。他还给她写过诗，虽然写得很糟糕，但她仍然很喜欢。他送她鲜花，还送过毛绒玩具，这些玩具现在还摆在她的梳妆台上。他们也曾有过浪漫的烛光晚餐（晚餐是她做的，蜡烛是泰勒带来的），他们凝视着对方的双眼，谈论着他的宏伟蓝图和美好愿景，直至深夜。克莉丝汀觉得自己从来没见过这么聪明的人。泰勒很爱她，并且总把爱挂在嘴边。不仅如此，他还需要她。这一点从她看到他住的公寓像个猪圈时，就知道了。

从那时起，爱情就被埋葬在一个又一个宏伟创意的废墟里，但泰勒仍然需要她。

如果一个自恋型勒索者想要得到什么，那他们就会付出努力，一心一意去追求。在一段恋情的早期，由于关系还不稳定，这些勒索者能够非常热情地展开求爱，即使他们并不擅长如此。有没有魅力其实并不重要，真正吸引受害者的是自恋型勒索者的需求。

在受害者看来，"传奇人物"型自恋者就是一群需要人来照顾的天才。

这些可怜而卑微的灵魂希望，勒索者会对他们的无私付出和绵绵爱意感激不尽，继而用爱来回报他们。

"传奇人物"型自恋者太得意忘形了，以至于丝毫意识不到所有人都能看出来他们不完美。一旦确定了关系，他们就不再努力了。他们期望其他人能够因为自己给予的一点点关注就激动不已，并愿意为获得与这样一位优秀人物交往的乐趣而付出一切。而受害者对这种想法往往是全盘接纳的。

一开始，勒索者和受害者对彼此都特别中意。有那么一段时间，他们的关系似乎非常甜蜜，然后慢慢就变质了。

无论受害者付出了多少，"传奇人物"型自恋者都不会感恩。他们甚至还期望受害者对他们表示感谢。这样一段时间后，即使是最爱他们的受害者也会因自己的需求被忽视而感到心灰意冷。他们要么继续奉献，继续当无比善良却要遭受剥削的人，要么开始纠缠不休，或者离开"传奇人物"型自恋者，甚至会做出一些他们自己都认为很自私且能伤害到他人的事。他们很难赢得了"传奇人物"型自恋者，所以大多数时候他们什么都不做，只是暗自神伤。

如果受害者真的自己提出了某些要求，那通常情况下也都是含糊不清的，要么

第17章 "传奇人物"型自恋者：他们这么有才华，哪用得着表演

就是在事情发生之后才提出要求，比如想要得到"传奇人物"型自恋者的感激。而且受害者从未想过如果对方不满足自己的要求会有什么后果。不幸的是，最后通牒和强化策略——这两个最有利于改善关系的方式——对受害者来说很是陌生，就像"传奇人物"型自恋者对于感恩这种情感也很陌生一样。

情况继续恶化。"传奇人物"型自恋者所做的越来越少，想要的却越来越多，而这正是他们的受害者无意中教会他们的。每次受害者意识到这种情况时，他们的关系就会接二连三地出现危机。但就像其他受害者一样，他们已经深陷其中不能自拔。

在泰勒做第一单生意时，克莉丝汀起床来陪他。她光着脚，踮着脚尖走进办公室。泰勒像往常一样，弓着身子敲着键盘。直到克莉丝汀站在他身后，他才发现她来了。他似乎正在研究一座城堡的鸟瞰图，还有一群骷髅在城堡上空飞。

"泰勒，这是什么？这是游戏，对吗？"

他朝她转过身，像一个偷拿饼干被抓现行的小男孩一样咧嘴笑了起来。他一边笑，一边敲了一下键盘，打开 Netmarket.com 的页面。

"我只是想稍微休息一下，我在等挪威的比约恩给我发消息呢。我就玩一小会儿，比约恩说他会马上回复我。"

这时，即时消息弹出。"看，一定是他。"泰勒说。

消息在显示器上醒目地滚动着，就好像有人在远处大吼一样。

"巨魔麦斯特！快点儿的！该你了！"

克莉丝汀一时百感交集，但没有一种感觉是带着仁慈的。"你根本没在工作，"她说道。声音里充满了冷酷的愤怒，甚至连她自己都吓到了。

"你一直在玩那些愚蠢的游戏。"

"不，你不明白，我只是……"

"你不必撒谎，泰勒。从今往后，你爱玩什么游戏就玩什么游戏吧。"

"你这是什么意思？"他问道，声音微弱近乎耳语。

克莉丝汀盯着他看了很长时间，什么都没说。她以前从未说过这些话。她的眼睛里噙满了泪水，克莉丝汀开始抽泣："我想，也许你应该自己找个住的地方了。"

泰勒颤抖着嘴唇说："亲爱的，请不要这样。对不起，让我做什么都行。"

如果你为克莉丝汀终于把这个吃软饭的扫地出门而鼓掌，那么你很可能并不了解她和泰勒。克莉丝汀爱泰勒，她坚信爱情的力量和责任。但经过了这么多年的风

风雨雨，她还是决定离开泰勒，并且拒绝承认泰勒是其生命中最重要的力量。

泰勒不懂体谅他人，也似乎没有赚钱养家的本事，但他并不是一个坏人。他不喝酒，也不和别的女人鬼混，更没有动手打过她。孩子们也爱他，当他有时间陪孩子时，他们会一起玩游戏。所以，就因为泰勒半夜玩游戏，克莉丝汀就要将他逐出门外？那不是比泰勒的所作所为更自私吗？

克莉丝汀很有可能会让泰勒许下一些"以后会努力"之类模糊的承诺，然后让他留在家里。这将是一个巨大的错误。错误的并不是让泰勒留下，而是模糊的承诺。克莉丝汀需要做的是，要让他们的关系发展取决于泰勒是否能按照清晰的承诺行事。

正如我在本章一开始所说的，我们能引导"传奇人物"型自恋者学会改变自己的行为，但这种教育通常比较困难。有效的教育有两个要素：其一是要有一本很好的"教案"，我们将在本章后面进行讨论；其二是要有充足的学习动机。而唯一能促使"传奇人物"型自恋者做出改变的动机，就是他们有可能会失去自己所看重的东西。

"传奇人物"型自恋者不敏感，但他们并不愚蠢。他们可能会怒气冲冲、一惊一乍，但他们确实会对最后通牒做出回应。如果你告诉他们，要么改变自己，要么离开，并且让他们意识到你是认真的，那么他们立刻就会对你紧张起来，这是任何其他方式都无法实现的。很明显，他们并不总能改变自己，但是下一个明确的最后通牒，提出你想要他做到的非常具体的行为，是唯一能改善你们关系的方式。

如何与"传奇人物"型自恋者打交道

有了强烈的学习动机和良好的教学计划，"传奇人物"型自恋者就有可能学会以更加社会化的方式行事。你可能无法改变他们固有的自恋人格，但你可以让他们以不会破坏人际关系和事业的方式行事。

首先，条件必须讲清楚：

"你是说为了维持我们的婚姻，你什么都愿意做？"流了一夜的泪，在这个漫长的夜晚结束时，克莉丝汀问泰勒。

"做什么都行。"泰勒回答。

"好吧，"克莉丝汀说道。"我有几个条件。首先，你的 Netmarket 项目还可以继续做三个月。如果三个月后你赚不到最低水平的工资，我希望你能够找到一份真正的工作，并尽一切努力至少工作一年。"

| 第17章 | "传奇人物"型自恋者：他们这么有才华，哪用得着表演 |

"三个月？这种事情想做成肯定需要不止三个月时间。"

"那就在你的业余时间继续这项工作。在这之前每天先完成两个小时的家务。"

"但是……"

"没有但是。要么接受我的条件，要么就别做了。"

你可能认为克莉丝汀绝不会说出这些话，你猜对了。但她应该这样说，因为这是唯一能够让泰勒这种"传奇人物"型自恋者改过自新的做法。不幸的是，克莉丝汀却认为体贴和无条件的包容对于亲密关系来说才是最关键的。

她是否会为了挽救婚姻而变得冷酷而精明？这取决于她自己。我们就不再多说了，让克莉丝汀与她的勒索者还有她自身的小恶魔继续搏斗吧。

唯一能教"传奇人物"型自恋者学会为人处世技巧的方法是向他们清楚地表明，改变行为方式是符合他们的自身利益的。此时运用强化策略至关重要。如果他们认为自己不改变的话，就要面临着离婚、被解雇、失去朋友或进监狱，那他们便能够拼尽全力。其他的筹码都不足以引起"传奇人物"型自恋者的注意。一旦强化策略准备就绪，你必须朝向两个具体目标努力：

1. "传奇人物"型自恋者必须学会去做自己不想做的事情；

2. "传奇人物"型自恋者必须学会通过关注他人来了解他们的需求，从而推销自己和自己的想法。我不是只针对做销售工作的人。本质上所有的关系都涉及交易。为了维持关系，自恋者必须学会谈判。

需要明确的是，在建议他们改变时，你是为自己争取利益，而不是对其进行道德审判，更不仅仅是出于单纯的善意。"传奇人物"型自恋者也不相信你的利他主义。他们中的大多数人都认为特蕾莎修女的至爱至善也有追求自我满足的成分。

九种保护自己免受"传奇人物"型自恋者伤害的方式

如何让"传奇人物"型自恋者拥有一点职业道德，下面是几点建议。

1. 了解他们，了解他们的过去，了解你的目标

"传奇人物"型自恋者总是"怀才不遇"。在公司的休息室里，在互联网上的聊天室里，到处都能看到他们的身影。他们总说，自己比那些名利双收的人更聪明，也更有才华。

通常，他们确实很聪明，但如果你想接近他们，你需要知道的不仅仅是他们的智商分数，还有他们过去的所作所为，并预料到其将来很可能还会如此行事，即使他们辩解说这一次跟之前的情况不同。他们很难明白，只要他们不做出改变，一切就都不会有任何不同。他们从错误中吸取的教训似乎只有"错误都是别人犯的"。

对付"传奇人物"型自恋者的目标与对付其他勒索者的一样——防止他们榨干你。这很困难，因为他们会为此使出各种手段。他们会让你的希望落空，或者在吸干了你的全部感情之后还不满足；他们能使你因他们的情感迟钝而气得发疯；他们还会因你的拒绝而疏远你，因为他们觉得你拒绝这么好的主意仅仅是因为这主意是他们想的……总之，榨干你的方法是无穷的，而他们也不会对此承担任何责任。自恋本身就意味着永远不必说对不起。

"传奇人物"型自恋者的需求很多。而你最重要的目标是，确保你的付出能得到回报。

2. 向他人求证

"传奇人物"型自恋者能把他们过去的壮举描绘得天花乱坠。这些故事通常都涉嫌夸张和添油加醋。因此他们的话一定要核实。

有一种重要的方法是，从外部验证他们的想法有多大价值。"传奇人物"型自恋者总能提出好主意，但他们的好主意总是不切实际，这就很令人讨厌了。偏执型勒索者也是如此。

事实上，当你第一次听到那些真正伟大的想法时，都会觉得风险太大或不合时宜。有时候，你需要来自他人的意见，从而避免无意中阻碍了某些创造性突破的实现。

3. 为他们所不为

无论做什么任务，你最好先从最困难的部分开始。在应对"传奇人物"型勒索者时，最困难的就是，你要明确地告诉他们你想要什么。如果你认为自己是一个给予者，那么这一点尤其困难，但也尤为重要。与自恋者相处，如果你不索取，那你就只有付出。

如果你有奉献的品质，那你有很多机会加入其他团体，成为一个与其他人一样遵守规则的普通人。你会因结识更优秀的人而欣喜。而这是"传奇人物"型自恋者

| 第17章　"传奇人物"型自恋者：他们这么有才华，哪用得着表演

所永远不可能做到的。因为在他们的世界中，没有人比自己更完美。

4. 要观其行，而不是听其言

如果你不得不与"传奇人物"型自恋者打交道，那么你要记住"问责制"这个词。从一开始，就要将这个制度建立起来，否则以后再想建立就很难了。"传奇人物"型自恋者承担的项目永远也完不成，因为他们从不去做困难的部分。他们也许看起来在努力工作，但实际上并非如此，至少在那些能够获益的事情上没下功夫。如果他们正在为你工作或与你合作，那你务必要给他们指定任务并说明时间限制和酬劳。同时，仔细检查他们交付的成果，确保他们没有敷衍了事。毕竟"传奇人物"型自恋者有时候会偷工减料。

5. 择战而赢

如果你觉得你可以教一个"传奇人物"型自恋者学会关心别人的感受，那么你最好去安静的小黑屋里坐一会儿，等到这种妄想消失了再出来。"传奇人物"型自恋者根本不理解什么是共情，你说的事情他们永远都听不懂。

通过精心组织的措辞和构建的强化策略，你也许能让他们改变烦人的自恋行为，不过他们自恋的本质是改不掉的。

6. 利用强化原理

当你听到"传奇人物"型自恋者说大话时，你可以问问自己：为什么他们如此聪明却不富有。这不是个无须回答的问题。你的答案对于帮助你有效应对这些勒索者至关重要。

"传奇人物"型自恋者不成功的原因是，他们从不做自己不想做的事情。所以你需要知道他们不想做的是什么，确保你与他们的交易是结构化的，让他们只有把困难的事情做好才能获得最大的回报，只是说说而已是不行的。

7. 战斗时，小心措辞

在与"传奇人物"型自恋者沟通时，尤其需要注意的是，不要使用带有批评意味的词语。因为对于自恋者来说，无论你的言辞多么有建设性，只要有一丁点的批评，他们都感觉像吸血鬼被十字架戳到了一样疼痛难忍。他们会尖叫、咆哮，并且跟你讲道理直到天亮。但如果你不教育他们，他们又学不到任何东西。

为了应对家里或工作中的"传奇人物"型自恋者，你必须学会进行有效的批评，因为他们犯了太多靠他们自己永远无法认识到的错误。

批评是一个使用起来很麻烦的工具，无论批评的对象是勒索者，还是别的什么人。除非你非常小心，否则批评只能有害无益。关于如何最大限度地让批评发挥积极作用，并尽量减少损害，下面是几点建议。

- **多表扬，少批评。** 如果你想很好地使用批评，尤其当批评的对象是"传奇人物"型自恋者时，首先就是要多表扬，少批评。他们需要大量的赞美，无论你想让他们做什么，都要先赞美他们。如果你想让他们做你希望他们做的事，那就在他们做得不错的时候，及时奖励他们。
- **不要冲动地批评。** 冲动的批评通常以情绪爆发的方式表现出来，这只是一种情绪宣泄，而不是为了帮助别人而进行的教育。当然这种方法能够让你宣泄情绪，但无法让其他人改变行为。
- **明确你的目标。** 你想让"传奇人物"型自恋者听了你的话怎么做呢？如果你只是想让他们下次不再犯同样的错误，那就不用详细说明他们这次错在了哪里，直接要求他们下次做好即可。有时候，简单的要求就是最有效的批评。
- **请求许可。** 在批评之前，你可以询问"传奇人物"型自恋者是否愿意接受一些反馈。如果他们同意了，那么你至少获得了他们初步的同意。
- **对事不对人。** 我们都知道这个规则，但往往很难做到。想做到这一点，你必须要小心措辞。如果你以"你真是"开头，而下一个词不是"太棒了"，那么无论你说什么都会被勒索者视为人身攻击，不管你真正的意图是什么。因此，直接提出你想要什么，或说出你的感受会更有效。

　　不要说"你这个人一点不考虑别人"，更好的说法是："我还没说完你就开始回答，这让我觉得你不够尊重我。这是你的意图吗？"或者干脆要求"传奇人物"型自恋者等到你的话说完之后再说话。请记住，"打断"这个词带有指责的含义。为获得最佳效果，请使用更温和的措辞。
- **给"传奇人物"型自恋者留台阶。** 在指出他们的错误之前，给他们提供一个可接受的犯错理由。以"我知道你很忙"或其他一些暗指他们已做出努力的语句开始你的批评。
- **排练。** 把对"传奇人物"型自恋者的批评当作一次重要的演讲来对待，反复排练，自己听听，然后想象一下，如果有人对你说这些话，你会感觉如何，

第17章 "传奇人物"型自恋者:他们这么有才华,哪用得着表演

然后把这种感觉放大十倍。

- 给"传奇人物"型自恋者时间思考。如果他们立即回应你的话,那他们很可能是想解释为什么他们是对的,而你是错的。所以,要记得说"我不用你马上回答——我们明天再谈论这个问题,"这样就阻断了他们的下意识防御。记住说完这句话之后,立即走开。批评是改变"传奇人物"型自恋者行为的重要工具。与使用其他任何工具一样,如果你想要批评奏效,那就必须集中注意力,讲究策略,并深思熟虑。

8. 无视愤怒

到目前为止,我们所谈到的大多数"传奇人物"型自恋者都会用发脾气来达到目的。如果发脾气算一种武术,那"传奇人物"型自恋者们在"没完没了"和"冷酷无情"这两项上都练到了最高段位。虽然他们发脾气的演技一流,但制服他们还是比较容易的。如果愤怒是一场戏,那么"传奇人物"型自恋者就是一群糟糕的演员,因为他们根本就不关注观众会不会观看他们的表演。所以,他们一张票都卖不出去。

然而,他们的确很有创意。"传奇人物"型自恋者已经形成了一种自己特有的宣泄情绪的方式,我们可以称之为内疚的愤怒。当事情糟糕到让他们难以招架时,他们就可能会爆发出自责的洪流。对于一些警惕性不高的人来说,这些来自黑暗世界的自私自利的孩子似乎终于明白了大家多年来一直想告诉他们的东西。不,根本不是。这些都是假象。如果你轻轻地揭开他们新鲜出炉的自知之明,你就会发现在那下面藏着的其实主要是他们的顾影自怜,还有少得不能再少的内疚感。

"你想离开我,我不怪你,"泰勒嘶哑着嗓音说,眼睛里充满了泪水,"谁愿意和失败者生活在一起呢?"

"你不是失败者,"克莉丝汀一边哭一边说道,"你只是……"

泰勒摆摆手:"不要否认,你我都知道我是一个非常可悲的人。"

要坚守你的阵地。虽然这让人很不好受,但这对每个人都好。

9. 了解你自己的底线

"传奇人物"型自恋者需要大量的赞美、关注还有其他的自恋供给。但他们就像公园里的鸽子一样,当你的爆米花喂完之后,它们就飞走了。有时最好还是让他们飞走吧。

有时候，即使你有强大的能量，你也很难满足"传奇人物"型自恋者的宏伟幻想。而如果他们的幻想总是得不到满足，他们就会为自己创造一个替代现实，并躲在里面永远不出来。

白天，泰勒是一个无所事事的人，连一份工作都保不住，独自生活在一间肮脏的公寓里。但到了晚上，作为"巨魔麦斯特"，他变成了一个勇敢的战士，在虚拟游戏中击败所有的来犯之敌。在一个人数不多的精英玩家队伍中，他是传奇人物。没有人知道他的真实姓名或他来自哪里。大家只知道，他是最棒的。

EMOTIONAL VAMPIRES

第18章
"超级明星"型自恋者：必须爱他们，崇拜他们

通常，"超级明星"型自恋者在他们自己的生活故事中担任主角。对他们而言，他们的生活可以和文明的历史相提并论。这类自恋者在灵魂深处，认为自己是世界上最重要的人。如果你理解并接受这个核心事实，那么"超级明星"型自恋者们就不再是你的危险，而只会是你的烦恼。他们相信自己是造物主的宠儿，而如果这种想法冒犯到了你，而你又想揭穿他们并没有那么伟大，那你还是快点离开吧，不然他们是不会放过你的。

不幸的是，可供你逃离的地方很少，因为无论你走到哪里，都可能碰到凌驾于你之上的"超级明星"型自恋者。你该如何应对呢？是奋起迎敌，溜之大吉，还是学习如何与他们打交道？

我们所了解的关于自恋型勒索者的一切对于"超级明星"型自恋者们来说同样适用。不过他们与"传奇人物"型自恋者不同，他们知道如何工作，也知道如何推销自己。这些勒索者愿意，也能够做到将他们的宏伟梦想变为现实所需的一切。但他们的梦想似乎总是无法实现。无论地位如何、拥有多少财富，他们似乎永远都不会满足，总是还想要更多。

"超级明星"型自恋者的能力，再加上他们强烈的欲望，可能会使他们成功，但却无法给他们带来满足感。他们要建立强大的帝国，领导各族人民，创造伟大的艺术作品，积累巨额财富，而做这一切只有一个目的，那就是证明自己有多伟大。"超

级明星"可能会不停地吹嘘自己拥有什么以及取得了什么成就，但是一旦他们拥有了或者完成了这些，一切就都失去了价值。他们永远都欲壑难填。

无论是金钱、荣誉、身份象征还是性征服，"超级明星"型自恋者总有想要的东西，他们也都得到了。他们每个人都有丰厚的战利品。而似乎增加战利品的数量就是"超级明星"型自恋者生存的唯一目的，再没有什么比这更重要了。

而对你来说最危险的就是，身处"超级明星"型自恋者和他们的下一个奖杯之间。

勒索者安东尼奥小心翼翼地打开了餐桌上摆着的一堆摄影设备的包装盒。

奥丽安娜站在门口，摇了摇头，说道："又买了相机？"

安东尼奥举起一个灰色的东西，顶部带有取景器。"这不是照相机，这是哈苏（Hasselblad）[①]！"他从皮套中取出一个镜头，然后将其安装到相机机身上。"看到这个没？这是世界上最好的镜头。这分辨率简直绝了。你来看看。"

他把相机递给奥丽安娜，她通过目镜随意地看了一下。"挺好的，"她说道，"但和其他相机没多大区别啊。"

安东尼奥紧张起来。"你又来了，"他说道，"我们来听讲座吧，讲座的主题是'买相机花钱太多'。我知道你肯定又要开始了。"

"我没说……"

安东尼奥把相机放下。"怎么了？你认为我的工作不够努力吗？"他开始掰着手指一件一件地数落着，"12年没日没夜的培训，每周做六七十个小时的手术，我还花了很多时间出版自己的书。你却认为我不该花点钱在自己的兴趣爱好上。你和孩子不也花钱了吗？外面还停着你的奔驰车呢，不是吗？"

奥丽安娜静静地站在那里，等待安东尼奥把话说完。

应对贪得无厌的"超级明星"

"超级明星"型自恋者很喜欢奢侈品。他们必须拥有最好的，因为这才能体现出他们的品位。坚持不懈地追求功成名就是他们性格的核心。不要问他们为什么想要的这么多，想做的这么多，这些问题毫无意义。他们自己也不知道答案，就像花儿不知道自己为什么这样红。

[①] 哈苏是瑞典高端相机品牌，由维克多·哈苏创始于1941年。人类首次登上月球时所携带的相机就是哈苏相机。——译者注

第18章 "超级明星"型自恋者：必须爱他们，崇拜他们

不要浪费时间去刨根问底，你要做的是利用好这个问题。虽然"超级明星"型自恋者才华出众，智慧过人，还拥有权力，但他们很好对付。以下是一些与他们打交道的策略。

首先，"溜须拍马"

没有别的选择，如果你想与"超级明星"型自恋者保持任何关系，那你就必须不停地赞赏他们，夸奖他们的成就，赞美他们的奢侈品。通常情况下，你并不需要付出太多的努力就可以做到这一点。他们也会很开心地拿出各种理由来为自己庆贺。你要做的就是听他们说，然后做出一副很感兴趣的样子。

了解你的需求

清楚地知道自己想要什么对你来说很重要。因为"超级明星"型自恋者总是知道他们想要的是什么，并且一直在想尽办法去得到。如果你不清楚自己的需求，或是等着他们主动把你应得的东西给你，那你什么都得不到。

将你的需求与他们的需求联系起来

"超级明星"型自恋者总是会得到他们想要的东西，无论你是不是其中的一部分。因此，不妨让自己的需求与他们的需求联系起来。要想从"超级明星"型自恋者那里获得更合理的待遇，你必须像他们一样施展所有的手段。

奥丽安娜并不想要一部自己的相机，但她的确想从安东尼奥身上得到很多东西。她最希望的就是安东尼奥能花更多的时间陪伴她和家人，这差不多是与"超级明星"型自恋者关系亲密的人的普遍愿望。为了达到自己的目的，奥丽安娜必须将自己的愿望与安东尼奥追求成功和美好事物的愿望联系起来。她可以这样做：

"能让我看一下吗？"奥丽安娜问道。安东尼奥把哈苏相机递给她，她轻轻地摇了摇。"跟我说说，"她说道，"这款相机有什么特别之处？"

安东尼奥笑容满面地说道："这款相机简直浑身上下都与众不同。这是当今世界上最先进的相机。我们先从镜头座开始说……"

在安东尼奥侃侃而谈的过程中，奥丽安娜耐心地倾听着，不时表现出极大的热情。终于，她找到了一个切入点。"这可能是一个愚蠢的问题，这台相机能拍摄正在移动的东西吗？离得很远也能拍吗？比如体育比赛那种？"

安东尼奥从盒子里拿出了一个更长的镜头。"有了这样的镜头，这款相机能拍摄

清楚100码①以外的四分卫鼻子上的汗珠。"

"哇！你是说它真的能拍到运动中的动作，甚至是运动员脸上的表情？"

"绝对能！你为什么要问这个？你是想拍什么比赛吗？"

"啊，那天拉蒙参加了一场足球比赛。我看着那些踢球的男孩，我就想，如果有人能把这些三年级的足球运动员拍下来，那该是多好的一个专题摄影啊。他们多可爱啊，在比赛中像大人一样踢球，而不打比赛的时候就在泥潭里踢球。如果有人能捕捉到这些对比镜头……当然，这需要一位非常出色的摄影师和非常高级的设备，才能拍出我想要的那种精彩绝伦的照片。"

安东尼奥拍拍他的新相机。"你说的这些，这个宝贝儿就能完成，远在天边近在眼前啊。"

奥丽安娜是不是在操纵他呢？答案是肯定的。但与"超级明星"型自恋者相处，除了操纵别无他法。"超级明星"型自恋者自己也明白，人们之间的交往大都存在操纵的意图，但是有些操纵的策略更加巧妙。如果告诉安东尼奥，拉蒙特别伤心，因为他的父亲没有参加他的足球比赛，这也是一种操纵性的策略，但对于"超级明星"型自恋者们来说根本不起作用。他们从不为没能满足其他人的需求而感到内疚。如果你无法接受"奥丽安娜必须屈尊于耍手段才能让安东尼奥做普通父亲会做的事"这一事实，那你就不应该嫁给一个"超级明星"型自恋者，或者为他们工作。为了使"超级明星"型自恋者能像正常人一样行事，我们也只能操纵他们。

"超级明星"型自恋者们不会想到，那些他们平时不关心也不关注的人有一天可能会帮到他们，所以他们的处事特点就是自绝后路。

"超级明星"型自恋者不顾别人的感受却总有办法能逃脱惩罚。如果这些勒索者想要开公司，然后把那些在其看来不够崇拜他们或不懂办公室政治的人都赶走，那谁也没有办法阻止他们。他们既有资金也有权力去做他们想做的事情，而且完全不在意别人怎么看。

克里斯托弗·拉什（Christopher Lasch）是迄今为止最出色的描写自恋狂的作家。他认为自恋正在变成一种流行病，在商界和政坛尤为如此。也许拉什是正确的，但这个问题该如何解决？自恋者们当然不会因为专家说"自恋是不好的"就做出改变。

负面新闻也很难会改变"超级明星"型自恋者，因为总是会有同样自负的粉丝

---

① 1码≈0.9144米。——译者注

为他们高唱赞歌。比起合理的批评，他们更喜欢阿谀奉承。

人们对于"超级明星"型自恋者只有两种感情，不是爱就是恨。而且很难预测谁会爱他们，谁又会恨他们。有些人会因为"超级明星"型自恋者的才华和成就而宽恕他们所有的自恋行为；而另外一些人甚至在"超级明星"型自恋者们拥有一点点权力时都会感到愤怒。下次当你想抱怨你的自恋狂老板时，可以思考一下这个问题。

"超级明星"型自恋者的催眠术

"超级明星"型自恋者们创造了一个替代现实，在这个现实中他们是绝对的主宰，你的成功和幸福取决于你是否认同并吹捧他们的奇思妙想。

如果你为他们工作，那他们对你的权力可能足以把这一替代现实变成你必须要面对的客观现实。由于"超级明星"型自恋者不屑于制定管理章程，他们的管理相当混乱，一切都由员工应急处理。在这样的系统中只有一个规则，那就是取悦老板。"超级明星"型自恋者声称他们喜欢团队合作、授权和扁平化管理，完全没有意识到当他们在员工身边时，所有真正的工作都会停止，因为首要的工作就是接待老板。对于这种组织体系来说，用漫画《呆伯特》(*Dilbert*)当指南比任何管理文件都管用。

性与"超级明星"型自恋者

"超级明星"型自恋者常常被爆出性丑闻。你大概能数出十几个在这方面搬起石头砸自己脚的人。嗯，砸的也许不是脚。

人们常常惊叹，这么聪明的人怎么会做出白痴一样的举动呢？他们为什么要这样做？

"超级明星"型自恋者期望从其他人那里得到各种形式的爱，性爱也是其中之一。"超级明星"型自恋者们是一流的诱惑者，也是世界级的通奸犯，但在恋爱方面则是绝对的新手。他们认为性爱与爱无关，而更像一项运动。

公开沉迷于女色的人往往被媒体误认为是性爱成瘾者。而真正的性爱成瘾者和吸毒者类似，他们沉浸在自己的嗜好里，耐受性逐渐提高，而这意味着他们必须更频繁地发生更多的性行为，不管跟谁都可以。对他们来说，性爱不是为了取乐，而是一种永远无法满足的欲望。

"超级明星"型自恋者不是沉迷于性爱，他们是沉迷于所有形式的崇拜。他们无法容忍任何人以任何理由拒绝他们。

对于"超级明星"型自恋者来说，性爱并不是那么重要，他们只是想借此证明自己的魅力。反社会型勒索者追求性爱是因为它能带来刺激，如果一段关系难以维持，他们往往会直接放弃，毕竟天涯何处无芳草。而"超级明星"型自恋者们不是这样的。他们希望满天下的芳草都是他们的。

对于"超级明星"型自恋者来说，性爱更像是一种崇拜的象征，而非爱人之间的亲密形式。然而问题在于，另一方并不总是那么认为。

深夜，旅馆的酒吧间很安静。在一个黑暗的角落里，只有评审员和崔西两个人，这位评审员为了使崔西当选费了很大的劲。

崔西无法相信自己居然如此好运，能有幸与他约会。当他问到要不要喝一杯时，她很惊讶，她以为他都不知道自己的名字。

他对她露出了意味深长的微笑。"崔西，我认为你很有潜力，无论是现在还是在选角结束之后都是如此。当然，我们必须先赢再说，这可不那么容易。接下来的几天还有很多事情。明天的试镜，你觉得我们应该怎么演？是不是到了我该摘掉手套的时候了？"

崔西大吃一惊。伟人竟然想听听她的意见！

崔西并不是被惊到了，她是被诱惑了。

当"超级明星"型自恋者对他人有所图时，在他们眼中，那个人真的是完美无缺。这也就是为什么他们的催眠会产生如此奇效。而一旦"超级明星"型自恋者们得到他们想要的东西，他们对于这些人的看法就会回归正常——不过是个满身缺点的普通人。问题在于，被他们诱骗的人可能仍然处在幻想之中，以为他们真的像"超级明星"型自恋者所说的那般与众不同。

"超级明星"型自恋者们的过错让很多人深受其害：他们诱骗的人、他们自己的家人、本可以升迁的同事，以及所有认真工作的人。他们都站在台下期待着这部肥皂剧以悲剧结束，这样他们就能安心工作了，而这往往不需要太久。

很多厉害的人物都出演过这出戏，你肯定也看了不少。每一次你可能都会想，这么聪明的人怎么会做这么愚蠢的事情。

第18章　"超级明星"型自恋者：必须爱他们，崇拜他们

"超级明星"型自恋者非常善于"隔离"。他们可以围绕他们的"领地"挂上一圈心理帷幕，然后假装其他任何事情都与自己的"领地"无关。这对他们来说很容易，因为他们很少关注别人的感受。所以，不知不觉，他们又走上了一条自我毁灭之路。

"超级明星"型自恋者的沮丧和愤怒

还记得吗？我在第2章曾概述了心理健康的三个要素——掌控感、追求挑战，以及与比自己更强大的事物建立联系。在这三点中，"超级明星"型自恋者有两点都得了最高分。他们是自己命运的掌舵人，且为此无比骄傲；他们也喜欢挑战，难度越大越好。唯一遗憾的是，他们的生活里都是小人物，没有什么比他们自己更强大。

"超级明星"型自恋者们似乎从未想过要与比自己更强大的人建立联系，而正是这导致他们的生活不尽如人意。然而他们却认为，他们之所以过得不好，是因为有人故意找他们的茬，或者没有用心去取悦他们。

安东尼奥从门口走了进来，眉头紧皱。奥丽安娜知道，应该是诊所的工作不顺利。她也知道，在接下来的几分钟内，安东尼奥将会找事情——随便什么事——来发泄他的挫折。

奥丽安娜环视起居室，希望孩子们记得把他们的背包拿到楼上去。玛塔的鞋子在走廊里。在安东尼奥注意到之前，奥丽安娜迅速冲了过去把玛塔的鞋子收了起来。"你今天过得怎么样？"她试探地问道。

安东尼奥没有回答。这是一个不好的迹象。

奥丽安娜想着，要说点高兴的事情。"拉蒙在足球训练中进了三个球呢。"

安东尼奥嘀咕着，继续翻阅信件。"你去干洗店取我的粗花呢夹克了吗？"他问。

奥丽安娜感觉后背一凉。"我本来想去的，"她说道，"但没抽出时间。"

"超级明星"型自恋者常常能体验到两种不同的愤怒，而这两种愤怒对于旁观者来说可能很难区分。

在"超级明星"型自恋者的世界里，无能是最不能容忍的。他们对自己的要求很高，对于周围小人物的要求更高。在"超级明星"型自恋者眼里，这些小人物的工作就是要保持一切顺利进行，以便他们可以完成自己的工作。

不用说，"超级明星"型自恋者们经常发火，尤其是当其他人的错误给他们带来不便时。他们最喜欢的发怒方式就是，滔滔不绝地数落他人能力不够，虽然这类"讲

座"很少能达到激发人们更加努力谨慎的效果。"超级明星"型自恋者们经常认为，他们周围的小人物是故意忽视他们的要求和指示的，而这种想法通常会导致怒火升级。

"超级明星"型自恋者们体验到的另一种愤怒是，当他们失败的时候，只要有丝毫证据表明他们犯了错误，他们的心情就会跌落到谷底。"超级明星"型自恋者们很擅长自我批评，但是当他们开始批评自己时，他们似乎总能发现别人也有缺点需要被批评。他们对自己失望时，对其他人的生气会转移他们的注意力。很难说，他们是因为很沮丧而生气，还是因为生气而沮丧。但有一点绝对可以肯定，那就是当"超级明星"型自恋者感到沮丧时，他们会把每一个人都榨干。

如果你与"超级明星"型自恋者关系亲密，那你不要因为他们的暴躁或报复心强就吓得魂不守舍，你要试着找出问题的真正所在并与他们进行讨论，这会更有帮助。

"安东尼奥，我们能不能心平气和地谈谈到底发生了什么事？"奥丽安娜说。

"你什么意思？"安东尼回答。

奥丽安娜双手叉腰。"这要由你来说了。我觉得肯定有什么事在困扰着你，不然你不会这么烦躁。诊所出了什么事吗？"

"我心里很烦，"安东尼奥说。当他勉强挤出一丝微笑时，他的下唇不知不觉地颤抖着。"其实没什么大不了的，但是他们，哦，让我留职察看，因为我在手术室里对一个护士大喊大叫了。"

被动攻击型行为会激怒"超级明星"型自恋者，但他们像磁铁一样，总是会吸引来各种被动攻击。这也不难理解。谁敢劈头盖脸地批评这些会报复的人呢？他们会。

"超级明星"型自恋者和被动攻击型表演者是地狱出品的一对冤家。任何一方都可能导致对方自我毁灭。如果你不得不面对"超级明星"型自恋者的愤怒，那你一定要记住，不要以被动攻击的方式进行反击。

要把"超级明星"型自恋者的错误行为大事化小，而不要小事化大，一点点也不行。虽然他们让人讨厌，但他们并不像反社会型恶霸那样暴虐成性。"超级明星"型自恋者们只是一群不敏感的宝宝，以一种非常有创意的方式发脾气。你可以说他

第18章 "超级明星"型自恋者：必须爱他们，崇拜他们

们易怒，说他们讨人厌，骂他们禽兽不如，但不要称他们为施虐者。虐待是一种犯罪。如果你说了这个词，那他们就会立马翻脸。如果你损害了他们的声誉，不管你说了什么，他们都会极力证明你是错的。

但对于任何导致他们感到不适的事情，他们都会称之为"虐待"，而且整天挂在嘴上。而通常只有在咨询律师或者参加日间脱口秀时，才可以使用这个词。

虽然"超级明星"型自恋者们的愤怒与反社会型恶霸的愤怒不同，但可以使用相同的策略来应对。如果你不得不面对一个愤怒的"超级明星"型自恋者，你可以回顾一下第8章中应对恶霸的方法。你的目标一如既往，那就是让勒索者不要再欺负你，而不是让他们承认给你造成了多大伤害。

除了参考应对恶霸的策略之外，应付"超级明星"型自恋者们的愤怒还要记住一件事。

因为他们的能力、成就和自信，"超级明星"型自恋者们通常会更受人尊重而非招人喜欢。喜欢这些勒索者的人，会误以为可以犯那些"超级明星"型自恋者们犯下的滑稽的小错误。千万别这么做，想都不要想！"超级明星"型自恋者们犯的不是小错误，而且也绝对不滑稽。

九种保护自己免受"超级明星"型自恋者伤害的方式

当你与"超级明星"型自恋者打交道时，请管好你自己。

1. 了解他们，了解他们的过去，了解你的目标

"超级明星"型自恋者吸引你，是因为他们拥有才干、能力和权力。他们通常是那样地与众不同，而待在他们身边让你感觉自己也很特别。这时，你要清醒地意识到，你并不特别。对于他们来说，其他人只是自恋供给的来源，而不是有血有肉的人。只有"超级明星"型自恋者自己是三维的。

识别"超级明星"型自恋者有个最简单的方法，那就是当你需要帮助时，环顾四周，那些消失不见的人就是。

"超级明星"型自恋者们往往曾经取得过不小的成就，但你千万不要被这些成就所迷惑而不去了解他们为了获得成功是如何对待他人的。因为发生在其他人身上的事也同样会发生在你身上。

在"超级明星"型自恋者们的过往人生里，总有两类人。比他们地位更高的人总会认为他们很棒，但如果你真的想知道他们是什么样的人，你交流的对象应该是与他们同等地位的人以及他们生活中的小角色们。没有自恋就没有伟大的成就，但自恋者对人际关系却是十分苛刻的。你需要解开的谜团不是他们是否自恋，而是他们是如何保持那份心态的。

"超级明星"型自恋者们经营着多家公司，甚至可能会管到你头上。如果你为他们工作，他们希望自己能被特殊对待，那么你最好知道应该怎么办。看看那些成功搞定"超级明星"型自恋者老板的人，他们怎么做你就怎么做。

与"超级明星"型自恋者们打交道，你努力的目标是为自己争取最佳的回报。无论你与他们是私人关系还是工作关系，都是如此。我知道这听起来有点唯利是图，但这是最好的方法。所有类型的自恋者都以不平衡的关系而闻名，在那种关系中，其他人只有付出没有回报。如果你从一开始就设置好底线，那你就不容易被勒索者们套牢。

如果你想获得"超级明星"型自恋者们的关注，那你必须要推销自己，推销你的想法。无论你卖的是什么，都应该像在卖劳斯莱斯豪车一样，让他们可望而不可即。而他们通常会找到购买高级奢侈品的方法。与"超级明星"型自恋者打交道，你必须要把自己包装成奢侈品，千万不要充当打折促销的廉价品。

2. 向他人求证

与"超级明星"型自恋者打交道时，想要去他人那里求证更为困难。因为背地里，每个人都认为"超级明星"型自恋者犯了错误，但没人会愿意说出来，因为"超级明星"型自恋者不仅会忽视所有暗示他们不够完美的信息，还会消灭掉那些给他们带来坏消息的人。

如果你不得不给"超级明星"型自恋者带来坏消息，那一定要确保有事实和数据作为支撑，或者有比他们地位更高的人的意见。

在得到你的负面反馈后，"超级明星"型自恋者常常会用模糊的承诺和大量安抚的话来偿还对别人的亏欠。这些好话谁都会说，所以你要与其他人确认一下，以确保你得到的是实质的东西，而不只是说说而已。

3. 为他们所不为

尊重小人物，倾听他们的声音。此外，还要帮助他们明白，要想成为大人物，应该怎么做。这一点尤其重要，因为模仿"超级明星"型自恋者的诱惑力太强，而且很少有人能吸取他们的教训。

尽管才华横溢，但"超级明星"型自恋者们并不擅长领导团队。在他们的组织中，团队合作这个词就像在公司野餐时打的垒球一样被击来打去，本质还是在于顶级队员的个人较量。这种明星系统无疑扼杀了团队合作的动力。

4. 要观其行，而不是听其言

"超级明星"型自恋者们说起话来头头是道。他们读过所有的管理学著作，他们知道所有的术语，但就是"光说不练"。

5. 择战而赢

你需要赢的最重要的战斗就是"超级明星"型自恋者对你的尊重。他们不会因为你值得被尊重、或拥有某些才能和成就而尊重你。无论"超级明星"型自恋者说什么，他们骨子里都认为自己比你更胜一筹。唯一赢得他们尊重的途径就是与他们极力地讨价还价。如果你与这些勒索者交往，那你必须向他们证明你有能力和他们一较高低。如果你不能证明自己与他们一样出色，那他们就会随心所欲地勒索你，而且不给你任何回报。

应对"超级明星"型自恋者时，还有些战斗你不要取胜。因为这些战斗看起来是你赢了，但实际上却是你输了。为了摆脱你的说教，"超级明星"型自恋者可能会迎合你说一些你想听的话，即使他们并不是这样想的。这种假意迎合的代价就是他们对你的尊重。

"超级明星"型自恋者们从来不会觉得自己犯了错误，他们也毫无感恩之心，他们不认为其他人享有与他们相同的权力，也不认为其他人的行为值得表扬。如果你对他们提出这些要求，那么你想听什么，他们就会跟你说什么，并且从此以后只给你开这样的空头支票。"超级明星"型自恋者会表面上认可你，却不会真正尊重你。在公开场合，他们会说一些你认为在理的话，而背地里却笑话你自以为是。如果他们称赞你，那要么是因为他们想偷偷激起你自恋的一面，要么是因为他们认为你也是那种需要时不时赞美才能继续干活的小人物，就像汽车必须加满油才能走一样。

仔细思考一下，你想从"超级明星"型自恋者那里得到什么。要记住他们尤为擅长充分利用别人，然后以开空头支票作为回报。一切取决于你，你要知道不值钱的好话和真诚的尊重之间的区别。

6. 利用强化原理

对于"超级明星"型自恋者来说，最有意义的强化策略就是交易。为了避免被这些勒索者榨干，你必须时刻把自己当作商品，因为他们就是这么看待你的。要在"超级明星"型自恋者的魔爪下生存，你必须知道他们想要什么，以及你想要什么，然后再和他们谈判以获得最好的价格。"超级明星"型自恋者的脑子里没有公平的概念。但是，如果他们想要什么，他们通常会给出回报，所以提前开出你的条件，并且杜绝赊账。

为了谈出一个好价格，你必须知道"超级明星"型自恋者们喜欢什么。他们最想得到那些会让他们看起来很完美的东西——可能是银行卡里吸睛的存款，也可能是不用监督就能出色完成工作的员工，还可能是年轻貌美的妻子或者豪车。总之，维持自恋的东西多种多样。

除此之外，这些勒索者还想得到别人的崇拜。但是应对"超级明星"型自恋者，你不能一味阿谀奉承。如果你要向一位"超级明星"型自恋者兜售你的创意，那就直接去做，和他们说话要开门见山直入主题，告诉他们如果能满足你的条件，那他们会得到什么。你不要妄想用花言巧语欺骗他们，"超级明星"型自恋者们不容易上当。你永远要提前做好准备，因为他们早就准备好了。

赚钱的机会永远是个很好的筹码。而如果你很有魅力，那么欲擒故纵一下，也有些价值。"超级明星"型自恋者们还热爱挑战，也喜欢能激发思维的有趣的公司。他们喜欢好的创意，但你可能无法说服他们接受一个他们从前就不接受的思想。试一下是可以的，只要你不用道德主义来表达你的观点就行。因为"超级明星"型自恋者们在听滔滔不绝的布道时会睡着的。

"超级明星"型自恋者渴望得到忠诚，但却不愿意为此付出。然而，他们会花相当多的金钱和精力去报复那些他们认为背叛了他们的人。

"超级明星"型自恋者根本不在乎对他人是否公平，或是否被别人视为好人。有

第18章　"超级明星"型自恋者：必须爱他们，崇拜他们

一点他们十分自豪，那就是绝不忍受傻子，他们会消灭所有让他们难堪的人。

"超级明星"型自恋者最讨厌的就是抱怨，除非是他们在抱怨别人。他们绝对不会关心你生活中的艰难困苦。他们可能会把你的痛苦当成一个需要解决的问题，但他们绝不会静静地听你抱怨，然后同情你。

无论"超级明星"型自恋者把自己伪装成什么样子，在内心深处，他们都是冷酷无情、玩世不恭的。如果你不能像他们一样冷酷，那就远离他们吧，不然就会被他们生吞活剥的。

7. 战斗时，小心措辞

与"传奇人物"型自恋者相比，"超级明星"型自恋者们对批评更加敏感。你可以回顾一下第17章中关于如何批评自恋型勒索者的那部分。

与他们打交道时，一定要小心措辞。如果你认为，与"超级明星"型自恋者们打交道非常类似于上门直销，那么你是对的。而你最重要的产品就是你自己以及你的创意。

8. 无视愤怒

"超级明星"型自恋者们经常会在别人给他们添麻烦时发脾气。他们很看重能力，不允许别人犯哪怕一丁点错误。如果你遇到这种情况，那你一定要向他人求证，这些勒索者是真的有理有据还是只是想操纵你。如果他们想操纵你，那你要与他们当面对质，提出抗议。而如果你想背地里报复他们，那最后受伤的还是你。有一点要记住，在你咨询过律师之前，请不要把他们的所作所为称为"虐待"或"骚扰"。

"超级明星"型自恋者们还有另一种更安静的发脾气的方式，但更具破坏性。那就是他们会利用自己的权力吓唬别人，让别人顺着他们的心意来办事。随着时间的推移，这个世界就是他们的了。

商界是"超级明星"型自恋者们的世界，他们的身影无处不在。黑暗中，在他们高大的影子下，没有什么比个人荣耀和本季度的季末盈余更重要。

各种数据都表明经济正日益繁荣，但在公司的小隔间和工厂的生产车间里，生活永远是艰辛的，小人物的劳动力永远是廉价的。

9. 了解你自己的底线

如果你想战胜"超级明星"型自恋者，那你必须加入他们的圈子，并按照他们的规则行事。但如果你真的这样做了，那会非常危险，因为你将变得和他们一样。随着"超级明星"型自恋者们接二连三地榨干别人，他们也创造出了更多的勒索者。千万不要踏入他们的世界，除非你知道自己如何抽身，因为许多人已经在其中迷失了自己。

EMOTIONAL VAMPIRES
第 19 章
生活中的自恋型勒索者

人们对自恋型勒索者的情感要么是爱,要么是恨。许多曾经爱过他们的人最终恨上了他们,还会恨爱上了他们的自己。正如我在第 16 章中所说(且不论是对是错),自恋型勒索者是最令人厌恶的一类勒索者。也许他们并不是最危险的,但对大多数人来说,他们都是最让人心力交瘁的。

自恋型勒索者之所以对我们有如此强烈的影响,与我们大脑最原始区域的本能有关。我们总是会以固定可预见的方式对统治阶级进行回应。

统治规则很简单:统治者可以对被统治者咄咄逼人、颐指气使,但被统治者不能以攻击性的态度进行回应,除非他们想造反。这个规则可能很简单,但它们的影响却相当复杂。

有些组织的阶层划分清晰且正式,而大多数组织并非如此。任何时候两个或两个以上的人聚在一起,总会涉及"谁说了算"的问题。

自恋型勒索者总是要争当"统治者",无论他们是否有权这么做。当我们感到他们拿我们当下级一样对待时,愤怒就从我们大脑深处最原始的部分冒了出来。

这种愤怒影响了我们的判断。我们不想搞清楚我们到底想让事情如何发展,而是一心想报复他们,或者以牙还牙,让他们也体验一下我们的痛苦。自恋型勒索者正是在这种竞争所造成的混乱中茁壮成长的。

为了有效地应对生活中的自恋型勒索者，我们必须要克制我们原始的愤怒，静心思考我们想要的是什么，并找出获得它的最佳途径。这个过程类似于我们在应对恶霸时要克制本能的战斗逃跑反应。我们需要了解自恋型勒索者，并利用这种了解为自己筹谋，就像他们精心算计我们一样。

要记住最重要的一点：虽然自恋型勒索者热情地对待你，虽然他们需要你——也许比你对他们的需要还多。但他们对你的需要并不像你想的那样，把你当成一个真实存在的有血有肉的人，他们只是把你当作自恋供给的来源。为了保护自己，你必须认识到你无法改变这一点。

为了有效地应对自恋型勒索者，你必须以他们的方式与他们打交道。不管他们希望从你身上得到什么，对你多么体贴周到，你都必须做到铁石心肠。你要足够强大，让他们提前支付你想要的回报。如果你做不到，或者你忍不住要生气，那你最好现在就离开他们吧，因为他们会把你生吞活剥的。

接下来我们要谈一谈你在生活中可能会遇到的自恋型勒索者。要怎么与他们相处，那取决于你。

来自地狱的"专家"

家里的每个人都认为，埃德叔叔和沃尔特叔叔应该拥有属于他们的"周日早间政治秀"电台节目。这样当他们不想听的时候，关收音机就行了。

埃德和沃尔特其实是电台的特邀嘉宾，至少他们自己是这么认为的。他们定期给当地的脱口秀主持人打电话，埃德给保守党的主持人打，沃尔特则给进步党的主持人打。

埃德和沃尔特都有着不容置疑的"政见"，这些"政见"脱胎于他们在收音机和电视上了解到的信息，以及在喜欢的博客上看到的观点。他们一致认为，所有与他们观点不一致的人都是白痴。

"来，上过大学的这位，"埃德叔叔对他的侄子布赖恩说，"你对总统的讲话有什么看法？"

"嗯，"正在攻读经济学专业的布赖恩说，"我认为，从任何已认可的经济模型来看，他的减税理念都没多大意义。"

"这是你们自由派的问题所在。你们总是拿模型说事儿，而我要说的是现实世界。"

"那现实世界是什么？"沃尔特叔叔插话道，"是这个贫富差距比乌干达还大的美国？当然了，埃德，我知道你不相信统计数据。在你眼里，官方数据跟复活节兔子还有全球变暖一样，只是个传说。"

这太让人恼火了。"传奇人物"型自恋者非常善于进行诡辩，他们攻击的对象是人，而非说话者所持的观点。在正式辩论中，这无异于承认失败。而对于埃德和沃尔特来说，这只是热热身而已。

人身攻击是自恋型勒索者的秘密武器。他们无时无刻不在使用它。听听收音机里的吹牛大王们是怎么说的，你就明白了。如果你与一个自恋型勒索者缠斗，那你很可能会忙于为自己辩护而顾不上力证你的观点。因此，在争夺统治地位的斗争中，自恋型勒索者通常会获胜，因为他们的竞争手段并不公平。

如何应对像埃德和沃尔特这样的"专家"？以下是几点建议。不过，对于广播里和电视上的那些专家，我也拿他们没办法。

不要参与

我不确定柏油娃娃[①]（tar baby）的故事如今是否仍然合理，但这个做法是恰当的。自恋型勒索者总是要争当房间里最聪明的人，而避免与他们产生争执的最简单的方法就是装傻。想要做到这一点，你就要在别人觉得你除了会说"啊？"之外什么都不知道的时候，克制自己的愤怒。

与其他任何杀招一样，一旦你开始应用这个策略，就必须坚持下去。自恋型勒索者很喜欢向你讲述他们的观点，只要你肯听，他们就会一直讲。所以，不要听。告诉他们"我对政治一无所知"，然后你就可以该干什么就干什么了。

援引扶轮社的规则

在很长一段时间里，我一直是扶轮社[②]（Rotary）的成员。100多年前，扶轮社由一群商界领袖创立，他们认为团结友善的辩论有益于他们的社区发展。但同时他们

---

① 柏油娃娃源自约耳·钱德勒·哈里斯（Joel Chandler Harris）的寓言故事《瑞莫斯叔叔》（Uncle Remus）。有个农夫种的白菜经常被贝尔兔偷吃，因此就用柏油裹着衣服做了一个人形娃娃，用来诱捕兔子。兔子一次又一次和柏油娃娃打招呼，但都没有得到回应，最终踢打了娃娃，却被粘住手脚，越想挣脱开，结果被粘得越紧。比喻人越期望得到回应，就会越绝望，直至困于其中难以自拔。——译者注
② 扶轮社是地区性社会团体，每位成员都来自不同的职业，每个扶轮社都是独立运作的社团，遍布全球。其以增进职业交流及提供社会服务为宗旨，提供慈善服务，推崇崇高的职业道德，致力于世界和平。——译者注

也认识到，一群高素质的人聚在一起就免不了会产生各种各样的争权夺利，所以从一开始，他们就禁止讨论政治和宗教。从那一天起，这一规则阻止了成千上万的争论，使得扶轮社能够将重点放在既定目标上——帮助社区。

遵循扶轮社的规则会使所有的家庭聚会变得更加友好和谐，如果家里有自恋型勒索者的话尤为如此。使用这条规则需要团队成员的合作，不过你很容易就能获得其他人的支持。有了团结的力量，就有了统治权。

扭转战局

这个策略风险很大。我不建议你在家庭中尝试。尽管如此，如果你想在哪个吹牛大王身上扳回一局，那你可以利用这样一个事实——人身攻击类的论点在逻辑上是站不住脚的。

回应人身攻击的最佳措施就是忽略它，并坚持你的观点。不用说，当别人骂你或你的消息来源很愚蠢时，这一条很难做到。

要使用这个策略，首先要从你被挑了什么毛病开始——愚蠢、种族主义或天真的理想主义。如果你上钩了，设法为自己辩护，那你就完了。

相反，你要主动出击。在任何辩论中，提问远比陈述更为有力。你可以去问一问吹牛的自恋型勒索者，他所谓的"事实"是从哪里来的。

"全球变暖？你可饶了我吧！"埃德叔叔气愤地说，"这只是民主党人想喂给我们的一坨屎。根本没有全球变暖这种事，只是大自然的气候循环而已。"

"那么，你的根据是什么？"布赖恩问道，"你怎么知道没有全球变暖这种事？"

"你什么意思？'我的根据'是什么？全球变暖听着像那些自由党的博士总抱怨的那种东西。你是想告诉我你相信那些家伙？我还以为你挺聪明的呢。"

"好吧，我承认在美国有很多大学教授是自由党的。我可能是太傻了还去听他们的课。那你教教我，你是怎么知道没有全球变暖这回事的？"

"这就和冰河时代一样。"

"为什么和冰河时代一样？"

埃德只是摇摇头感叹道："现在的小孩儿啊……"

这个策略真的有用吗？你和吹牛大王们争论起来真的能赢吗？

可能赢不了，但设想一下总没有坏处。

同时，试着采用一下扶轮社的规则。

虎妈

格温多林称自己是一位虎妈，但她似乎把老虎与比赛用马混为一谈了。她有两个漂亮的女儿，一个8岁，一个12岁。她们颇有天赋，才华横溢，而且非常努力。她们是预科学校的尖子生，在体育、音乐、美术及很多其他领域都相当出色。

父亲埃文为女儿们感到非常自豪，但他又担心她们会错过童年的快乐时光。

他知道格温多林为什么会这样做。她非常聪明，却只勉强上了一所当地的大学。她现在是一位成功的房地产开发商，但她本可以成为一位……什么呢？谁知道呢。

埃文怀疑，她正在用女儿们重现自己的青春。

他装作不经意地提到了这个话题。"格温，"一天晚上他说道，"你不觉得你对孩子们的要求太高了吗？"

格温多林的目光变得比南极洲还冷，她说："这两个你觉得我要求太高的女孩，是世界上最快乐和最健康的，因为她们正在为自己未来的成功拼尽全力，只有你不明白而已。"

埃文仿佛听到自己被她的言语击倒在地，发出了咚的一声。

当受到批评时，自恋型勒索者会迅速用核武器武装自己。他们会肆意抨击别人，而完全不关心他们给别人带来了多少痛苦。你可能已经发现了格温多林是在进行人身攻击，并且你也知道这种争辩只是胡搅蛮缠。希望可怜的埃文也能发现。

在这种情况下，如果你必须与自恋型勒索者讨论一个有争议的话题，那你可以试试下面的方法。

不要批评他们

并不是说不应该批评像格温多林这样的自恋型勒索者，而是他们根本听不进你的批评，因此你必须尝试一些不同的方法。

了解你的目标

问问你自己希望事情如何发展，然后从长计议。

埃文希望格温多林不要把孩子们管得那么严，他的初衷是好的。但如果每次格温多林一反驳他就停下来，那他永远都会面临着要重新讨论这个问题。

为了达成某种一致以缓和局面，格温多林需要能够考虑别人的感受，以及直面她自己的感受。教会自恋型勒索者这一点很难，但并不是不可能的，如果这关系到她深爱的人，那可能性会更大。

埃文应该寻找机会询问女孩们的感受，关于一切而不仅是关于获得成就的感受。让感受成为家庭谈话的常规主题，这样可以使格温多林意识到，其他人是有情感的。这可能会激励她以"年度最佳母亲"的角色来思考问题，而这似乎正是她追逐的荣耀。

重新占领高地

格温多林狠狠地贬低了埃文，这不公平。虽然大多数人都认为埃文是一个非常成功的人，但在"获得竞赛成就"这个项目上，相比格温多林，埃文就显得业余了。为了促使格温多林考虑女孩们的感受，他需要将这项比赛改成"谁是最关爱孩子的父母"，而在这个项目上，他是一个强有力的竞争者。

生活中的自恋型勒索者向你致以节日的问候

自恋型勒索者一年到头都很难相处，但在节日里，他们的烦人程度会更上一层楼。

莎拉期待节日，但也害怕节日。问题在于，康纳每年都像条湿毯子一样冰冷。虽然他并没打哈欠，也没看手表，但他还不如这么做呢。

给他买礼物是一场噩梦。去年，孩子们挑选了一件他们认为看起来很酷的衬衫，还配了条领带。当康纳开始撕掉孩子们自制的包装时，孩子们非常激动，上蹿下跳——直到他打开盖子。

他说："谢谢孩子们，这些礼物太棒了！"但随后，他把箱子随手扔到一边，好像孩子们送的是一块煤。哪怕四岁的孩子也知道他很失望。

自恋型勒索者往往认为自己很容易相处，因为他们从来不吵不嚷。他们不需要吵嚷，他们一个字不说就能表达不满——冷眼相待、一副不屑的样子，或者自己都不用出面，就能比言语表达出更多的内容。莎拉很心疼孩子们，但她也不能说什么，只能由着他，这在某种程度上强化了康纳的混账行为，使他更有可能在得不到想要的东西时，表现得像个噘嘴的小孩。他一向如此，但在节日期间其他人都充满爱意兴高采烈时，他似乎更让人恼火。

如果你的生活中有一个自恋型勒索者，那么我有些建议，可能会让你的节日（还有今年剩下的时间）稍微美好一点。

第19章 生活中的自恋型勒索者

让非言语沟通变成口头表达

不要让自恋型勒索者或任何其他类型的勒索者在用非言语方式表达不满后全身而退。无声的沟通比单纯的语言更有杀伤力，因为这种交流意义不明。如果自恋型勒索者说你做错了，那你至少可以表示反对。而如果他只是暗示你做错了，那么你就会想知道，你是否准确理解了他的意思，整件事情是否在某种程度上是你的错，这会使你陷入胡思乱想之中。

为了避免与自恋型勒索者产生冲突，你与自己产生了冲突，而他却无忧无虑。如果孩子们也在现场，那他们也很可能产生同样的感受，很想知道为什么大人不把自己想说的话说出来。

你应该怎么做呢？以下技巧会起些作用，但它们需要一些策略和相当大的勇气。

- **观察**。用非语言的方式表达反对时，不同的人做法不同——嗤之以鼻、皱眉、翻白眼、转换话题，或者明褒实贬。仔细观察，辨别出这些特殊行为，以便能把它们大声描述出来。
- **委婉地表达不满**。这部分比较棘手，它很微妙，但却有可能扭转战局。毫无事实根据就对内部心理活动进行的指责，比如"你觉得很无聊"，会引发勒索者的防御机制。换个说法，例如，"你一直看着时钟，是不是觉得很无聊？"这句话就很难被否认。自恋者可能会否认无聊，但不得不承认他们的确在看时钟。

莎拉深吸一口气说："从你把那个盒子放在一边的行为来看，你似乎不喜欢这件衬衫和这条领带。"

康纳试图微笑着回答："不，哦，我只是……好吧，这颜色和我所有的西装都不搭。"

这样，你就从自恋型勒索者身上扳回了一局。你的目标不是激发他的内疚感，而是让自恋型勒索者澄清自己。当你把非言语沟通换成口头表达时，自恋型勒索者会失去用沉默搭建的避难所。他们不得不承认他们幼稚的行为。这使得他们很可能不会再耍同样的花招了，而且还能使孩子们的想法也得到验证。

如果你有一些自恋型勒索者想要的东西，记得讨价还价

自恋型勒索者需要自恋供给。康纳想要的是，别人能以欣赏的眼光看待他，所

以你要提前把你的价格说出来。这是与自恋型勒索者进行有效交易的必要条件。

"康纳，节日快到了。我希望家里每个人都能过得开开心心，所以我现在问你，你想加入我们吗？"

"那当然了，你怎么会觉得我不想加入呢？"

萨拉继续说了下去，无视了这个可能会让她陷入毫无意义的争论的问题。

"那好，我把我们常在节日做的事情列出来了。你来说说，哪些事情你想和我们一起做。"

康纳瞥了一眼清单。"全都做。"

"好吧，如果你想加入，那就看看我写的注意事项。"

"你开玩笑呢？"

"并没有。"

对于一个普通人来说，这种方法会很无礼，但是你可能会对自恋型勒索者的回应感到惊讶。他们会为了玩乐而答应你的要求，但前提是你一定要明确提出这些要求。

这可能会招来他的抱怨，比如他会说你在摆布他，或者说你像对待小孩子一样对待他。接受吧。他也就只能像格林奇一样争取一下权力了。

不要期待自恋型勒索者能喜欢非自主选择的东西

和应对其他勒索者一样，你必须关注的是自恋型勒索者的行为而非感受。如果你想让自恋型勒索者兴奋起来，那就去问问他想要什么，然后满足他的需求就行了。如果你想给他们一个惊喜，那么请记住，对于一个自恋型勒索者来说，他们看中的是你在礼物上花了多少钱，而不是花了多少心思。给他们买礼物，永远要买最好的。

为了让自恋型勒索者参加节日庆祝活动，你要像对待四岁的孩子一样对待他：给他在活动中安排一个角色，然后让他根据自己的意愿计划并执行。

如果你的生活中有一个自恋型勒索者，那你就会知道爱、恨、恐惧和愤怒在你心中纠缠在一起是什么感觉——无比困惑，又无所适从。

在那些黑暗的时刻，要相信自己。说到底，自恋型勒索者对你的需要比你对他们的需要多得多。

EMOTIONAL VAMPIRES
第 20 章
治疗自恋型勒索者的良方

如果你发现自恋型勒索者的症状在自己身上或是你关心的人身上存在，那你应该怎么做？本章会简要介绍各种自助的办法，以及可能有用的专业疗法。再提醒一下，试图对你熟悉的人进行心理治疗，会让你们双方都病得更重。

治疗的目标

自恋型勒索者最需要的是与其他人建立联系感。而在他们学会共情之前，他们将不得不在黑夜中行走，寻求一个又一个的猎物。不幸的是，学会共情很难，至少需要花费几年的时间。因此，对于自恋型勒索者来说，首要目标就是行动起来，无论是在公众场合还是在私底下，都要表现得好像他们很在意其他人的需求、想法以及感受。如果他们在"装作关心"上面做了足够多的努力，那也许自恋型勒索者们最终会发现，他们幼小的灵魂还是能够逐渐成长，适应现实的。

寻求专业帮助

事实上，对于自恋型勒索者而言，一些年龄较大、衣着朴素的治疗师能为其带来更好的治疗效果，但是他们一般不会选择这类治疗师为其治疗。他们更愿意选择那些年轻、衣着光鲜的雅皮士，或者是业界学识卓著、知名的专家来为自己治疗。所以，这些自恋型勒索者需要学习的第一课就是，想要的并不一定是最好的。

自恋型勒索者的自救办法

- **倾听**。如果你是一个自恋型勒索者，那你能为自己做的最重要的事情就是试着去理解并尊重其他人。当别人讲话的时候，倾听尤为重要和有用，要努力做到在其他人说话时耐心倾听，不插嘴。当有人批评你的时候，倾听也特别重要。永远不要立即做出回应。至少要等24小时之后，再考虑如何回应。在这段时间，全面思考批评是否有道理。

- **避免谈论你自己**。只有当你不打算去说服他人承认你有多么伟大时，你才能够悉心听取他人的意见。如果你一定要提及你自己，那就谈谈你犯过的错误吧。

- **按规则办事**。不管规章制度是什么，你都要照办。你越是认为这些规则荒唐至极、极不严肃，你就越应该努力来遵守。比如限速，标识上是不会写"限速50迈，重要人物除外"的。所以，去做所有小人物应该去做的事情吧。在高速公路上，选一条车道，然后就沿着这条道开，不要随便换道，因为你并不是在赛车。

- **全方位同理心练习**。当你和别人相处的时候，最好每隔几分钟就停下来思考一下，问自己屋子里每个人都有什么感受和想法。同理心的培养是需要不断练习的。如果你认为每个人脑海里想的都是你，那就再试一次。

- **成为一名追随者**。在各种场合中，尽可能让其他人主导，你就做他们安排你做的事情就好。如果你有孩子，那就让他们自行设计活动，然后陪他们玩耍。

- **花时间与不同的人相处**。用心去听一场讲座，或者去加入一个组织，结识一些与你不同的好人。这种锻炼的目标就是要使你自己意识到，做一个好人是与政治以及社会立场无关的。

- **做慈善工作**。做慈善并不意味着在那些时尚的会场筹集资金。那些能够让你亲自参与的琐碎卑微的工作，如捡拾垃圾、搭建房屋，或者为难民送汤送饭，都属于慈善。不过，上菜前可别忘了洗手。

注意事项

如果自恋型勒索者在一些场合中，受到了与其他人不同的对待，那他们的问题会更加难以治愈。

EMOTIONAL VAMPIRES

Dealing with People Who Drain You Dry
—— Second Edition ——

第 5 部分

强迫型勒索者

EMOTIONAL VAMPIRES

第 21 章
强迫型勒索者：好事过了头

你能想象一个努力工作、尽职尽责并且从不犯错的勒索者会把你榨干吗？如果一个强迫型勒索者曾发现你犯了一个微不足道的错误，或者发现你在做完全部工作之前就出去玩了，那我敢保证你深有体会。强迫型勒索者就是过分追求完美反倒坏事的化身。在他们的世界中，错误无小事，而且工作永远都干不完。

这些勒索者们具有强迫型人格障碍。大多数人会把这一人格障碍与强迫症混为一谈，而事实上它们并不相同。强迫症是一种以强迫观念或强迫行为为特征的脑功能失调，典型表现如不停洗手或者不断检查门锁是否锁好。

强迫症可能是由于脑部化学物质受到破坏而引起的，并且通常需要进行药物治疗。而强迫型人格障碍则更多表现为过于刻板且注重细节的行为方式，一般不会涉及药物治疗。而更容易让人混淆的是，强迫症有时候会发生在那些患有强迫型人格障碍的人们身上。

通俗地说，当人们发现谁有那么一些让身边一切"各有其所，一切妥帖"的倾向后，就会称他"有点 OCD（强迫症）"。这就像将那些具有两个相互矛盾的性格的人称为精神分裂症，而专业术语只是叫作"自恋"一样讨厌。你也许已经发现了，有效地与强迫症打交道，可以让你那混乱的生活变得井井有条。你又或许会发现，各领域的专家大咖们都或多或少有点强迫症倾向。

在背后驱动这种神经症和人格障碍的因素就是恐惧心理。强迫型勒索者生怕做错事。对他们而言，他们必须保证自己以完美的形象示人，哪怕再小的瑕疵都会让他们惶恐不安。

强迫型勒索者将其自身视为对抗混乱世界的战士。他们将努力工作、循规蹈矩、精益求精以及延迟满足视为自己的武器。

倘若没有强迫型勒索者从事那些又脏又累的工作，那么国家将陷入混乱，企业将会停工，家庭也将面临四分五裂。至少，这些勒索者是这么认为的，而且，这一想法很有可能是正确的。我们确实需要他们，我们相信他们的真诚，我们依赖他们的能力，我们也需要他们的勤奋努力。你甚至可以认为，是我们在榨干他们。当然，故事并不仅仅是这么简单。

强迫型勒索者希望创造一个安全的世界，在那个世界里，所有人都变得和他们一样。也许只有那时，他们才会感到安全。

下面是他们的秘密：在每一个强迫型勒索者的内心中，都有一种反社会的欲望呼之欲出。为了避免内心里的小怪兽不慎跑出，这些勒索者们谨言慎行、兢兢业业、埋头苦干。内部冲突实在太过可怕，所以他们将注意力转向了外部——朝向了你。只要强迫型勒索者在盯着你有没有出错，他们就永远不用关注自己的冲动。

强迫型勒索者的真面目

想象一下，如果你的未来就由一次关键的行动（一场考试、一次演讲、一场体育赛事，或者一场求职面试）决定，那你无法控制自己不去想它。你反复演练每一个细节，就是为了确保它能够完美呈现；你不断练习每一个发音，即便在想象中犯了错误也会紧张不已。强迫型勒索者总是会这样穷思竭虑，因此再小的细节都能给他们带来压力。

再试想一下，你心事重重地走进办公室，打开邮箱时，发现有100封新的邮件，上面都标着紧急，然后走廊里还有人排着队等着让你处理更多的文件。接下来，再想象一下，你环顾四周，发现所有人都在聊天、谈笑、无所事事……这就是强迫型勒索者们的真实写照：反复练习，生怕犯错，再小的事情都能把他们压得喘不过气，并且不满其他人的心不在焉。你能想象，作为地球上唯一一个称职的人，强迫型勒索者会感到多么寂寞吗？

所有这些反复性的强迫思维和强迫行为使强迫型勒索者无暇关注藏于自身体内

的恐惧。这倒不是说，如果让体内的恐惧释放出来，那这些人就会成为连环杀手。他们体内的小怪兽其实更像一个逆反的青少年，由于惧怕外界的威胁，而长时间与其他的性格特征隔离开来。与表演型勒索者一样，强迫型勒索者也尝试着摆脱他们自身不被人所接受的地方，而不是得过且过，任由其发展。而与之不同的是，表演型勒索者对他们不喜欢的部分能直接忽视，而强迫型勒索者则需要用成堆的工作来埋葬它，或者用闪着火光的剑来斩除它。

怎么样才算过分呢

没有强迫就没有成功。如果你正在读这本帮助你提高人际交往技巧的书，而不是在看电视，那你也许会理解这一点。稍微有点强迫倾向能够让你成为一个有所成就、品德高尚的人。然而，过于强迫却能毁了你自己，也会伤害其他人。

那怎么样才算过分呢？正如我们在之前"传奇人物"型自恋者的案例中所见到的，成功的要素之一就是要去做一些你并不想做却又不得不做的事情。显然，这里有一个度的问题，来判断一个人是否工作过于努力，或者过于"完美"。然而，答案并不能以最佳善恶比率或者最佳工作消遣比率这种形式来呈现。正常的尽职尽责与强迫性的行为之间的区别并不在于人们做了多少工作，而在于当他们想消遣时，他们使用了什么策略来让自己坚持工作的。强迫型勒索者对自己实施心理暴力——他们承受了太多的恐惧和内疚，以及对自己冰冷的惩罚。

惩罚——善与恶相遇的地方

强迫型勒索者们坚信惩罚与公正是一个意思。对他们而言，惩罚是他们控制自身或者他人行为的不二法门。这也是他们唯一想要了解的方法。

惩罚具有两个明显的目的。第一个目的是，它可以使人们不做坏事。就这一点来说，它并不是很有效。任何一个心理学家都会告诉你，惩罚会导致各种各样无法预料的副作用，相反，奖励那些人们做出的积极行为，则更有可能让他们做你想要的事情。

然而，惩罚的第二个目的则更受强迫型勒索者的欢迎。那就是惩罚是一种巧妙的机制，能够驱使善良的人做坏事，同时又使他们意识不到自己做的事是不对的。强迫型勒索者与其他人一样，天生都有着类似的暴力倾向。但是他们却认为这种暴力倾向是野蛮的、危险的而且是自己绝对不能容忍的。当然，只有在他们对那些"坏

第 21 章　强迫型勒索者：好事过了头

人"施暴的时候，这种感觉才表现得不那么强烈。这也是强迫型勒索者们摆脱罪恶感的秘诀。因此，在谴责暴力的时候，他们总是冲在第一线。

强迫型勒索者会运用各种形式的惩罚，无论是一本正经的演讲，还是严苛的训斥，甚至是动用火刑。他们总觉得自己的行为都是为他人好，而不是故意施虐。

不论他们施以怎样的惩罚，或者多么频繁地使用惩罚，强迫型勒索者们从来没有领会惩罚的本质，也不能理解他们的方式是不奏效的。事实上，惩罚唯一可以预测的结果就是它创造了更多需要惩罚的理由。

强迫型勒索者整天挂在嘴上的是："这对我的伤害比对你的伤害还要深。"而且他们对此深信不疑。你根本无法看清他们凌乱不堪的黑暗灵魂。

强迫型勒索者们总是试图去建立秩序。问题在于，人类的内心基本上是无序的。即使有了崇高的道德，我们的头脑还是经常充满复杂的感情以及不文明的冲动。为了躲避这一现实，这些勒索者们不得不将自己埋在大量的工作之中。只有这样，他们才能获得内心的和谐。

识别强迫型勒索者的心理测试：伪善的邪恶

是非题（每选择一个"是"得 1 分）

1. 这个人是个工作狂。　　□是　□否
2. 这个人很难放松自己。　　□是　□否
3. 这个人坚信做任何事情都有正确和错误的方法。　　□是　□否
4. 这个人，不管其他人做什么，他都能挑出一些毛病来。　　□是　□否
5. 这个人在下决定时，即使是很小的事情，也会需要很长时间。　　□是　□否
6. 一旦这个人做出决定，就基本不可能再改变。　　□是　□否
7. 这个人很少直接给出是或者否的回答。　　□是　□否
8. 这个人对细节的极致专注也许会令人生厌，但却避免了人们犯下危险或致命的错误。　　□是　□否
9. 这个人有着非常清晰的道德标准。　　□是　□否
10. 这个人从来不乱扔东西。　　□是　□否
11. 这个人一生遵循一句信条："如果你希望事情不出错，那就自己去做。"　　□是　□否

12. 这个人在准备任务上花费的时间能和实施任务的时间一样长。　□是　□否
13. 这个人看起来干净整洁，有条理。　□是　□否
14. 开会时，这个人经常建议推迟议程，以便获得更多的信息。　□是　□否
15. 这个人的账目能精确到一分钱。　□是　□否
16. 这个人有控制欲。　□是　□否
17. 这个人并没有觉得自己的控制欲太强，只是觉得自己在做正确的事。　□是　□否
18. 当别人要求他对文章给出一些建议时，这个人经常修改拼写和语法错误，但对整体内容并无实质性意见。　□是　□否
19. 这个人通过问一些怀有敌意的问题来表达他的愤怒，而他自身却认为只是随便问问。　□是　□否
20. 当被要求打破自身惯例时，这个人会变得恼怒沮丧。　□是　□否
21. 这个人经常被他所需要做的工作压得喘不过气。　□是　□否
22. 尽管这个人从来不直说，但是显而易见，他很骄傲自己比其他同事工作更努力。　□是　□否
23. 这个人保持着完美的出勤率，并为此深感骄傲。　□是　□否
24. 这个人不太容易完成任务。　□是　□否
25. 这个人会克服种种困难以遵守承诺，同时期望你也能这么做。　□是　□否

得分：得分达到 5 分，即可将此人定义为强迫型勒索者，但不一定是强迫型人格障碍。如果这个人得分超过 10 分，那你千万不要离他太近，否则你会没命的。

心理测试的内容

上述测试列举出的具体行为与定义强迫型勒索者的潜在人格特征是紧密相连的。

热爱工作

忘掉原始的肉欲吧。对强迫型勒索者来说，生活中最大的激情就在于工作。这是他们的骄傲、他们的欢乐之泉、他们的嗜好，以及他们的毒药。总之，是他们存在的全部意义，是上帝赋予的天分，也是不得不承受的负担。当强迫型勒索者工作的时候，他们感觉特别好，而且还有安全感。因此，如果你想获得安全感，那你最好也努力工作。

第 21 章　强迫型勒索者：好事过了头

可靠性

强迫型勒索者值得信任。他们会遵守做出的承诺，也会对他们犯下的错误供认不讳。他们的话和具有法律效力的合同一样可靠，但却经常令人费解。在他们的世界中，法律仅仅是没有意义和灵魂的字符而已。

刻板

非黑即白、非对即错、非好即坏——强迫型勒索者眼中的世界是泾渭分明的。但就像直线一样，绝对的泾渭分明在自然界中是不存在的（直线一词也是强迫型勒索者创造的）。尽管这些勒索者们喜欢复杂，但却不喜欢模棱两可，尤其是道德方面的模棱两可。因此，他们竭尽全力对这个变幻莫测的宇宙强加秩序。

持续关注细节

强迫型勒索者以"只见树木，不见森林"著称。他们疯狂地从一个细节关注到下一个细节，从来不放过任何一个，但从来没有意识到所有的小细节能够组合成一个整体。

完美主义

完美主义是打着美德幌子的邪恶。它有可能创造出完美的表现，但通常并非如此。在强迫型勒索者看来，完美地做一切事情是最重要的，不管任务重要与否或者其他人怎么想。强迫型勒索者要求人们无论任务重要与否都要做到完美，很多优秀的人才因此沮丧地离开，因为他们达不到这一要求。

控制情感

绝大多数强迫型勒索者都会压制自己的情感。弗洛伊德认为这是由于早期严格的如厕训练导致的。他称之为"肛欲期滞留"。在那个时期，人们通过控制自己不去如厕来获得对世界的控制。

对强迫型勒索者而言，忍住不上厕所是一个有创意的行为。控制情感是他们的主要表现形式。强迫型勒索者似乎很喜欢模仿艺术家。在他们眼中，他们与《星际迷航》中的斯波克（Spock）[①]先生来自同一个星球，在那里，除了对不合逻辑的想法

[①] 斯波克是电影《星际迷航》中的人物，拥有一半人类血统和一半瓦肯族血统。瓦肯族的教育使其智商超群，逻辑性极强，但同时又使其冷漠无情。而人类的血统使其拥有各种情感。——译者注

表示愤怒，再没有别的情感了。

优柔寡断

强迫型勒索者们总是犹豫不决，即使机遇之门早已关闭。他们的基本生活理念是尽可能减少损失，而不是使收益最大化。这一理念可以从他们做出或未做出的所有决定中得以体现。其中一个表现就是，强迫型勒索者无法决断应该扔掉哪些东西，这导致的结果就是他们的东西越囤越多，以至于他们需要越来越大的囤积物品的空间，而不是生活或者工作的空间。这一习惯走向极端就使他们变成了囤积狂。与性格缺陷相比，这一行为更像是脑子坏掉了。当然，强迫型勒索者囤积这些物品也是有原因的——也许哪天就用到了。一想到要将它们扔掉，囤积狂们就害怕不已。

隐秘的敌意

强迫型勒索者们偷偷地憎恨那些不像他们同样努力正直的人们，也就是说所有的人。他们悄悄地藏起这种情感，然而还是被其他人一眼看穿了。

强迫型勒索者的困境

不管人们怎么抱怨强迫型勒索者难以相处、把人榨干，你都不得不承认，他们确实有过人之处。没有他们的兢兢业业和坚忍不拔，我们所有人说不定还真有危险。

第 22 章
冥顽不化的完美主义者和清教徒

作为强迫型勒索者的两种主要类型，完美主义者和清教徒在本质上很像，因此，应对他们大体上采用相同的策略就可以。完美主义者和清教徒都对控制权情有独钟。他们通过干涉你的生活来减少自己的焦虑感，同时让你心力交瘁。完美主义者试图控制你的所作所为，不仅你做什么他们要管，就连你是怎么做的他们都要管，而清教徒连你的灵魂都要控制。

这些勒索者乍看之下毫无危险可言，他们头脑聪明、敢作敢为、勤奋上进，就是有点儿容易焦虑。他们看起来温文尔雅，不是那种乱发脾气、大吵大闹的人。他们能力很强，值得信赖，同时又很有魅力，你可能还会对他们有种敬仰之情。只有在后来，当你犯了错，或是你希望打消他们的念头，让他们按照你的方法做事的时候，你才会发现强迫型勒索者狠毒的一面。

完美主义者和清教徒会在你犯错误时数落你。不论你工作多么努力，表现得多么好，或者多么认真地遵守规则，勒索者们都不满足。他们总能找到理由批评你、榨干你。在你第一次犯错的时候，强迫型勒索者会在心里认定你是一个懒散、邪恶，或者至少是一个马虎的人。他们并不发脾气，但他们的言辞好像占据了道德制高点，火药气息很浓，令人近乎窒息。为了实现他们神圣的目标，强迫型勒索者会不择手段。

为什么他们总是很容易生气

大多数情况下，完美主义者和清教徒的脾气都不好，当然他们肯定不会承认这一点。他们的怒气说来就来，如果有谁不像他们那样遵守工作规则和道德标准，那他们就会大发雷霆。强迫型勒索者经常会感到不堪重负，觉得自己怀才不遇，并且容不下别人有一丝一毫的懈怠。说话之前，他们的标志性动作就是唉声叹气、连连摆手、嘟囔着抱怨不停。这导致的结果是，别人听他们唠叨就够受的了，谁还愿意去帮他们。

就像其他人想要反抗他们一样，强迫型勒索者也在进行着内心的自我抗争。虽然他们从不会做出出格的行为，但是他们内心里却始终经历煎熬与挣扎。他们给你带来的痛苦，与他们强加给自己的痛苦相比，简直不值一提。

更糟的是，对于那些对自己的愤怒、对反抗的渴望，还有其他不良的想法，强迫型勒索者全然不觉。表演型勒索者可能会把坏心思表演出来，不过表演结束他们的坏心思也就没了。而强迫型勒索者不一样，他们对自己的想法进行了妥善安置——一切不可接受的东西都埋藏在了道德教条以及成堆的工作之中。

完美主义者和清教徒发脾气，是因为他们是好人，只不过是陷在了糟糕的世界当中无法自拔。

强迫型勒索者的催眠术

有件事一定要清楚，那就是强迫型勒索者会故意用一些琐碎的事情把自己搞得晕头转向，以至于迷失了真正的目标。你稍微不注意，他们就会对你也这样。在强迫型勒索者的世界里，即使是最简单的任务也会有几百个让人疑惑难懂的细枝末节。为防止事情分崩瓦解，他们把这些细节牢牢掌控在手中。而事实上，他们真正想要掌控的是他们自己的攻击性冲动。

通过对情感勒索者的研究，我们发现，他们那些让人无法接受的冲动一旦被激发，会以更加黑暗、危险的形式体现出来。在这个过程中，强迫型勒索者的表现很具有代表性。这些夜幕下的孩子会有意识地克制自己不为谋求私利而采取暴力行为，他们把攻击性冲动压抑到潜意识中，在那里他们遭到了猛烈的报复，而好像只有他们自己不明白背后的动机是什么。

完美主义者和清教徒会催眠你，让你以为他们的愤怒是值得称赞的。千万不要被骗了，他们会对你进行说教，说他们的愤怒是出于责任感，同时也会摆出一大堆道理来说明自己的行为是多么合情合理。你要认识到，在所有冠冕堂皇的借口的背后，藏着的是一群蛮横无理的勒索者。记住这一点，防止他们从黑暗中突然跳出并咬你一口。

成果与过程

要想有效应对强迫型勒索者，你必须知道他们正在做什么。即使他们什么也没做，也要了解他们的行为。这种说法有多个层次的含义。为了更便于理解，我们先探讨一下成果和过程的含义。

你想实现的目标就是成果，你做事的方式就是过程。你需要记住，这两个概念是有区别的，因为强迫型勒索者往往搞不清楚这一点。

想一想有成果或者目标的所有行为。在工作中，除了卖的产品是成果，成果还涉及改善质量、降低成本、写营销方案，以及做出详细的决策。而在家里，成果可能就是洗碗、打扫屋子接待访客，以及把孩子培养成为有道德、有责任感的人。

强迫型勒索者习惯把过程和成果混为一谈。对他们来说，做事的过程比这件事是否完成更加重要。因此，可以通过精心设计问题来让这些顽固的勒索者们把注意力放在成果上，避免他们迷失在过程的森林中，因为他们认为周围的一切都是过程。在与强迫型勒索者打交道的时候，要经常问他们"我们的总目标是什么？"或者"你需要我做什么？"这样的问题特别有用。

通过提出明确成果的问题能帮你认清楚自己的任务。强迫型勒索者认为不管要达到什么目标，都只有一种办法。而最终目标的定位越清晰，这些勒索者才越有可能采用多种实现目标的方式。如果你不幸有一个强迫型的老板，那你可以跟老板约定，根据明确的日期来制定明确的任务目标，这样能让你好过一点。如果你的老板要检查任务的进度，那你就可以温柔地告诉他，你会在截止日期之前把成果放在他的桌子上。如果老板对过程吹毛求疵（所有的强迫型勒索者都会这么做），那你就可以拿一开始的约定来说事，告诉他你应该做的事情都在约定里面，而至于该怎么做并没有约定。这是否意味着老板想改变协议的条款呢？如果是这样，那你们可以就过程问题继续进行协商。

毋庸置疑，只有当你能准时提交你们之前协商达成的任务成果时，这个办法才会奏效。

顺便提一下，对于那些自认为是你的"老板"的强迫型勒索者，你通过提问来把成果明晰化的办法也有用。

在家庭中，如果你让强迫型勒索者来分配任务以及限定时间，那他们就不会对过程吹毛求疵了。强迫型勒索者与其他勒索者不同，他们有着强烈的公平意识。他们自己的内部逻辑要求他们必须按照规则来办事。你最好的策略就是，尽最大努力在博弈开始前就拿到规定条文。所以，第6章中的值班策略对冒失鬼来说很好用，但对强迫型勒索者来说却会适得其反。要记住，这个策略有两个部分：第一部分就是要明确谁是任务的负责人，以及明确任务的完成时间；第二部分就是明确完成任务的方式方法由值班的人完全做主，这一步能有效防止你受到强迫型勒索者的伤害。

要有轻重缓急

对于强迫型勒索者来说，成果是一个可变的目标。当你问他们"你想让我做什么？"的时候，他们考虑的越多，你需要做的也就越多。在他们看来，一旦把一个目标明确下来，就该关注过程了。你会眼睁睁地看着这一转变——总目标会变成一堆不甚关联的小任务。这时候，你需要提出第二个问题："任务的重点是什么？"强迫型勒索者的主要目标就是要让自己掌控一切。而最易使他们获取控制权的办法就是把成果和任务重点变模糊，讨论永远都围绕着过程展开。因此，追问他们你要做的事情的先后顺序，也许可以帮你夺回一些控制权。

接下来我们就要考虑你的潜在目标了，这又带来了另一个问题。如果你认为最重要的是向这些勒索者证明不用他们告诉你事情该怎么做，那么你犯错的可能性会更大一些。因为强迫型勒索者通常都是对的。如果你想成功地与他们打交道，那你就必须抛开你的孩子气；如果他们比你知道的多，那你就必须向他们学习。本章的后面会对"内在小孩"进行详细的讨论。

在和强迫型勒索者打交道时，另一个你想达到的目标可能就是获得他们的认可。别做梦了，在强迫型勒索者称赞你之前，他们会罗列所有你可能出错的地方，并且一一确认你有没有那样做。还没等他们收集足够的信息来判断你是否值得表扬，你自己可能就已经忘了要做什么了。

如果你的生活中有强迫型勒索者，那你必须学会正确评价自己的行为，自己表

第 22 章 冥顽不化的完美主义者和清教徒

扬自己的成就，因为他们是不会表扬你的，再爱你都不会。

完美主义者

完美主义是一种伪装成美德的丑恶。对于那些认真做事的人来说，完美主义者会把相当多的事情搞砸。

周日下午 6 点 32 分，基思跳起来喊道："完成了！"声音大得出奇，把猫也吓了一跳。终于搞定了！勒索者丽贝卡和孩子们整个周末都待在她母亲家里，而基思则全身心投入到处理那些积累了几个月的家务上。丽贝卡总想让他主动承担一些家务，这次他照做了。之后，7 点半基思开车去机场接丽贝卡和孩子们，他想丽贝卡肯定会特别高兴。

晚上 8 点 47 分，基思把车开进了车库。他盼望着丽贝卡看到房间后脸上惊喜的表情。然而，车还没熄火，丽贝卡就开始摇头。"明天是收垃圾的日子，你去把瓶瓶罐罐还有需要回收的东西拿出来吧，我去给孩子们弄些吃的，他们饿坏了。"

"好的，"基思说道。"坏了，"他想，"这件事我给忘了，她肯定会注意到的。"

基思把行李箱搬到门口，然后就赶去厨房把垃圾拎了出来。

丽贝卡在水槽边弯着身子，用手指甲在盘子上刮了一下。"基思，"她说道，"我告诉过你，洗盘子要先用水冲洗一下，再放进洗碗机。盘子上的食物一旦结了块儿，就很难洗掉了。"

基思什么话也没说，拖着脚走进了卧室，打开了电视。

完美主义者为自己的机敏而骄傲，却对给周围的人带来的痛苦全然不知。他们并不是不关心亲人的想法，只是他们在生活过程中，被那些琐碎的细节分了心，只见树木不见森林。如果基思也这样做，那不管是对他自己还是对丽贝卡来说，情况都只会更加糟糕。

基思需要认识到，丽贝卡吝于表扬，不管这有多么伤害他的感情，这都不是一种有意的攻击。这只是一种疏忽，如果他把注意力集中在他想要获得的结果上，那就能够避免这种伤害。而如果他发脾气了，退缩了，以后拒绝干家务活，那丽贝卡就会攻击他，因为她有充分的理由往基思身上宣泄自己的不满了。

为了了解基思怎样才能避免今后的不幸，让我们回到一开始，看看他是怎么走进这种不幸中去的。

基思忙碌了一天，所以希望丽贝卡能满心欢喜。然而，这并不现实。完美主义者除了发现错误之外，从不会自发地做任何事情。对于强迫型勒索者来说，惊喜是一个自相矛盾的概念。因为自发的行为就意味着失控，这是很危险性的，想都不能想。回想一下过去，基思也可能会发现，他给丽贝卡的大多数惊喜都没有什么好结果。

基思还应该意识到，对于一个完美主义者来说，根本不存在什么好到值得他们夸赞的事情。他可以让丽贝卡知道，自己付出了多少以及这样做的目的是为了让丽贝卡开心，但他还应该扪心自问自己究竟想得到什么。基思不应该回卧室生闷气——丽贝卡肯定不会善罢甘休，而对于男人来说，通常都会妥协——他应该告诉丽贝卡自己很伤心，因为她没有注意到自己的劳动成果。她会理解的，因为大多数时候她也有同感。他们一致认为辛勤付出还不被理解是很让人伤心的，因此他们应该做些什么，来避免这种事情再次发生。因此，他们可以就某些事情达成协议。

如果丽贝卡同意把成果具体化——洗盘子、用吸尘器清扫毛毯、整理草坪，等等，并且让基思来负责整个过程，那基思就会愿意主动承担更多的家务了。

我并没有天真到认为丽贝卡会坚持这个协议，但是对基思来说，重要的就是建立一个成文的规则。完美主义者不管喜不喜欢都是根据规则来行事的。虽然基思和完美主义者之间的相处艰难而又痛苦，但可以通过把成果和过程分清楚，为以后进行有效的沟通搭建一个基础。这个办法比看电视生闷气强多了。

不完美的人如何跟完美主义者打交道

如果你不幸和完美主义者一起生活或是共事，那么下面这几个办法可以帮助你跟他们进行有效的沟通，从而避免发生激烈的争吵或是打冷战。

- **直接问对方想要怎么样。** "你总是说我哪里做错了，却从来不说我哪里做对了"，这样说无济于事，即使你说的是事实。你应该问他："你觉得我做得怎么样？" 如果批评的意见不超过三点，那就意味着自己做得不错。

- **如果你感觉受到伤害了，那就直接说出来。** 想让完美主义者同意你的观点，千万不要采用对抗或是逃避的方式，也不要"偶然地"犯错，或是求助于朋友、家人或者同事。被动攻击性的行为只会让完美主义者觉得他们的愤怒完全合情合理，我们没必要再火上浇油。

- **不要批评完美主义者。**完美主义者可能会声称他们不应该追求完美，但是他们并不是真的这么认为。他们会暗自对自己的勤勤恳恳以及由此收获的成果感到自豪。当然，如果你指出了他们的错误，那他们就会认为指责你的错误也完全合情合理。他们最大的错误就是太追求完美了。你还真想和他们争个对错？
- **针对成果进行协商。**这是一个努力的方向，而不是真正的目标。不在过程中加以干涉不是完美主义者的作风。不过，越早把你负责的任务划分清楚，你的工作就会越容易做。
- **要有轻重缓急。**事情对于完美主义者来说只会越积越多，因此，你要去问他们哪个先做、哪个后做。可以练习一下，这对你会有帮助，而对完美主义者来说，也能帮助他们考虑问题。管理的首要任务就是给下属的工作明确轻重缓急。务必使你的管理者做好自己应该做的事情。
- **多一些理解。**不管完美主义者对你有多么严格，他们对自己的严格程度是对你的两倍。接受这个现实，他们的确比我们更加优秀。这是他们的宿命。

清教徒

清教徒努力通过他们最喜欢的工具——批评、惩罚、监督，来让这个世界更加美好。他们觉得除了自己，这个世界充满了邪恶。如果你的生活中有一个清教徒，那你成为一个圣人都比和他们一起生活要容易。

镜子啊，墙上的镜子啊，我们所有人中最招人反感的是谁？

非玛莎莫属了。她是整个街区健身、营养、房屋打扫以及育儿方面的专家。毫无疑问，她很专业，人人都尊敬她，向她征求意见，但有时候跟她交往就像被国税局审查一样。

昨天在校门外，季妮莎随口邀请玛莎去她家做客，玛莎之前邀请过她好几次，而季妮莎一直推脱了。

季妮莎发出邀请后，就一直忙着做准备。她一直后悔地问自己："我为什么要这么做？"然后一直忙到了晚上。

第二天，房间打扫得干干净净，厨房的垃圾箱也排列得整整齐齐，咖啡也是选用的新采摘的绿色咖啡豆，价钱也很合理，已经冒热气了。玛莎到了之后，季妮莎从烤箱里拿出一条全麦西葫芦面包招待她。

"这是什么香味儿啊？"玛莎问道。

季妮莎笑着说道："是西葫芦面包的味道，这个做法我还是从《精彩餐桌》里面学的。"她知道玛莎对吃的东西很挑剔，所以又列举了一下配料成分。

季妮莎端上了面包和肉桂色豆腐酱，还倒了咖啡。

这次会客很成功，她们谈到了喜欢的有氧运动，还谈到了准备去进行选民登记，季妮莎开始放松起来。

突然，几个男孩子从外面冲了进来，戴着星球大战的帽子，挥舞着光剑。他们看到玛莎后，停下来很有礼貌地跟她打招呼，然后跑出了房间。

"他们真是长大了啊，"玛莎皱着眉头说道，"季妮莎，你这么聪明的人，还让他们玩武器，我还真是感到不可思议。"

季妮莎感到很受伤，感觉自己是一个失败的母亲。同时，她特别想拿起一把光剑来，砍向没有阳光的地方。

季妮莎为什么不高兴？

如果你觉得答案是显而易见的，那说明你可能听信了你肩膀上那个长着脏辫子、身上不仅有文身还有穿孔的小恶魔的话。

直面"内在小孩"

我们都不喜欢自己身上的幼稚，但却无法完全摆脱它。我们大部分人的内心都还住着一个孩子，行事方式和中学时一模一样，那时候我们不了解"我是谁"，但绝对知道"我不是谁"。

青春期的任务就是把我们与父母分离开来，尽管他们一直爱着我们，关心我们，并且一辈子都在试图控制我们。父母整天唠唠叨叨告诉我们该做什么，该成为什么样的人，而我们就在对他们的非理性愤怒中完成了这项任务。愤怒完了就是愧疚以及困惑，然后我们的行为就变得更加怪异。

强迫型勒索者能给你这种重回青春期的感觉。他们言辞犀利，让你感觉备受打击，你很想冲出房间，摔门而去，然后大哭一场，因为没人认可你。

这时，你要提醒自己，你已经是一个成年人了，不能像小孩子那样任性，还有其他办法可以解决这个问题。

季妮莎当时忍住了，没有对玛莎发脾气，玛莎虽然做得不对，但她这个朋友很不错，值得信任而且慷慨大方。然而，季妮莎还是觉得自己很懦弱。

第22章　冥顽不化的完美主义者和清教徒

后面的谈话渐渐冷淡了下来，咖啡都没有喝完。

玛莎终于离开了，季妮莎大哭了一场，并打电话叫来了她的朋友明迪。

"你和玛莎做朋友也已经好多年了，你觉得她怎么样？"

"她太苛刻了，"明迪说道，"多年来我们之间始终有一些磕磕绊绊，最终还是互不相让。"

"有一点对你或许有用，那就是如果她伤害了你的感情，那你不能只是坐在这里愤愤不平，你必须说出来。"

明迪的建议非常好，季妮莎也能接受，因为这是同伴的建议，而不是父母的。

所以，现在季妮莎必须说些什么了，但应该说些什么呢？

以下是几条建议，当然，如果强迫型勒索者也曾经逼你面对"内在小孩"的话，那这几条建议对你也适用。

- **首先，要给自己思考的时间。** 生气的时候，先不要发火。你可以学习季妮莎，在这种情形下先保持沉默，回过头思考之后再解决这个事情。
- **搞清楚自己的目标。** 想想，如果你当场反驳，那会有什么后果。在谈到如何做父母的时候，季妮莎希望玛莎明白这是自己的家事，但她没这么说，因为一旦说出来两个人就做不成朋友了。
- **别指望得到道歉。** 指望强迫型勒索者道歉，那纯粹浪费时间。他们最害怕的就是做错事情。如果你指责他们，那你不仅等不到道歉，他们反而会极力狡辩自己是如何正确的，或者至少是无辜的。他们从没有要伤害你的意思。在他们看来，是事实伤害了你，而不是他们。如果你非要一个道歉不行，那他们能给的也就是："你那么想，我感到很抱歉。"

　　强迫型勒索者并不是冷血动物，你的感受对他们来说也很重要，但更重要的是，他们并不是有意而为之。

- **小心措辞。** 我们复习一下，当强迫型勒索者欺负你的时候，你需要告诉他们你的感受以及你希望他们以后怎么做，但不能指责他们做错了事情。这并不是很难做到，但做起来要小心翼翼，可以分两步走。第一步，你要意识到，虽然他们伤害了你，但他们并不是有意的。这个话可以这么表达："你说……的时候，我感觉……你是故意的吗？"

回答一般都是否定的，强迫型勒索者还会解释自己的真正目的，他会说是在帮助你，还会告诉你哪些地方做得不妥。不要在这方面与他争论，反复地说你很受伤就可以了。这样就会把强迫型勒索者置于一种孤立无援的境地，然后你再进一步告诉他如果以后再看见你做错了事，他应该怎么做——不要评论，而是尊重你犯错的权力。我们看看季妮莎是怎么做的：

"玛莎，你批评我的孩子们玩光剑的时候，我感觉很受伤，你是故意的吗？"

"不是的，我并没有责备你的意思，我只是想让你知道，孩子们玩这种游戏可能会有危险，有许多研究……"

"肯定是会有许多研究的，可能我做得就是不对，但我就是不舒服。以后，除非我征求你的意见，否则请不要对我的教育方式指指点点，我也不会随意评论你怎么养育孩子。"

如果玛莎的孩子也在玩光剑还有玩具枪，那季妮莎也可以趁机指责玛莎教育孩子的方法不对。监督经常可以使被监督的行为引起更多的关注。像玛莎这样的清教徒比较苛刻的一个原因就是，即使情况真的很糟糕，也没人会接纳他们英明的建议。别人做错了事，你即使当头一棒，他们也不一定就会改正，这一点是清教徒们不会想到的。

如果你能像季妮莎这样，把自己的"内在小孩"晾在一边，按上面说的步骤来做，那强迫型勒索者可能就会停止对你的评论了，除非你要求他们继续。

但是如果你又做了他们不认同的事情，那你可能会听到他们的内在小孩正在抽泣着说道："你是怎么养育孩子，我本不该说什么的，但是……"如果真的发生了这种情形，那你也不要感到吃惊。

不用管它，只是个情绪化的唠叨而已，像个成年人的样子，什么也不说，你就赢了。

九个可以让你免遭强迫型勒索者伤害的办法

被强迫型勒索者尾随的时候应该怎么做？答案是：要让他们认为你确实是一个好人。

1. 了解他们，了解他们的过去，了解你的目标

完美主义者很好辨认，他们会直接走向你，表明身份。然后不管你做什么，他

第22章　冥顽不化的完美主义者和清教徒

们都可能会指出你的毛病在哪里。清教徒也很好甄别，就算没人惹到他们，用不了多长时间，他们就会自己现身。这两种勒索者都会试图控制自己周围的环境，即使再微小的细节也不放过。强迫型勒索者为了缓解对大问题的焦虑，会对小问题过度关注。如果你纵容他们，那他们就会把这种焦虑转嫁给你。

人们很容易就被他们玩弄于股掌之上。若是你满足了他们的需求，那他们就会提出更多的要求。而若是你反抗或是对他们的吹毛求疵感到不满，那他们就更不会放过你，必须要证明你才是有问题的那个人。

你的目标是与他们进行协商，而不是驳斥指责。每一项任务都有一个最终成果，不管做什么都是。而每一项任务也会有一个过程——通过这个实际的行为，才能获得最终的成果。你要在特定的时间就一个非常具体的成果与勒索者进行协商。你可能认为如果交出了成果，那就不会有人去挑剔这个成果是怎么来的了。然而，强迫型勒索者未必会这样想。他们会把你控制过程的行为看作你在妄图改变最终成果，而这就意味着要与他们重新进行协商。但如果最终成果不受影响，那还改变过程做什么呢？

要记住，如果你能说到做到，那么这些控制欲极强的勒索者就会转而折磨那些意志并不坚定的人。

2. 向他人求证

强迫型勒索者会通过把生活程式化来减少失败，而不是最大限度地追求成功。所以，当你有新想法的时候，他们就会告诉你你的想法有问题。因此，不要让他们成为你唯一的信息来源。他们会告诉达·芬奇，他的飞行器是飞不起来的。

如果你和强迫型勒索者共事，那你可以通过明确上级传达的目标和轻重缓急，来避免他们找你的麻烦，同时也可以使他们更有目标。强迫型勒索者的行为准则通常不允许他们与权威人士争论。

在家庭中，如果你面临着与强迫型勒索者的争执，那么你仅仅依靠观点正确是远远不够的。对于完美主义者来说，一个记录在册的知名专家的观点可能会助你一臂之力。而对于清教徒来说，引自《圣经》的论述可能会对你有帮助。因为他们总是记不住那些充满怜悯与宽恕的语录。

3. 为他们所不为

要把握全局，也要注意一下细节。知道自己的目标是什么，明白达到目标的方式不止一种。培养一点幽默感，最重要的是，不到万不得已不要使用惩罚这一手段。

4. 要观其行，而不是听其言

强迫型勒索者想要你意识到他们的工作是多么辛苦，工作量多么大，自己又做得多么好。这时，不要混淆他们的工作量跟工作成果，要关注他们的所作所为与总体目标之间有多大的相关度。

不用在意他们对你的说教。如果你没有按照他们的吩咐去做事，那他们会喋喋不休地告诉你问题的严重性。清教徒甚至会跟你说，如果你不照他们说的去做，那你可能死无葬身之地。这两种勒索者都很享受给别人带去痛苦的快感，因为他们都把自己催眠了，认为这么做都是为你好。

这些勒索者并不是铁石心肠。你可以试着告诉他们，他们在无意中伤害了你的感情，从而打破这个魔咒。但不要让他们承认他们是故意伤害你的，那只会让你更加痛苦。

5. 择战而赢

不要妄想通过跟强迫型勒索者的沟通就能让他们放弃对你的控制。即使是经验丰富的治疗师也很难做到（偷偷告诉你，出现困难的部分原因是要治愈那些和你一样患有神经症的人通常都很困难）。

也不要幻想强迫型勒索者会承认自己的行为是自私的或是故意的。他们很擅长自我欺骗和解读法律条文。如果一些行为通过了强迫型勒索者的心理审查，那就说明这些行为是完全有理有据的，至少在勒索者看来，是合法的、道德的，并且是不含私心的。

正如我们在前文中所说的，你最有可能赢得的战斗就是让完美主义者和清教徒明确成果和应该优先考虑的紧急任务，并且在实现步骤上获得协商的余地。

6. 利用强化原理

要谨记，强迫型勒索者真诚地希望做一个好人，并且想把事情做好。他们的问题在于，他们对于人类生存方式的认知太天真了。他们只想着事情应该如何如何，而看不到事情真实的发展情况。其结果就是，这些勒索者会在过程与成果的问题上大错特错。

你可以跟他们解释强化策略的意义，从而帮他们做出更好的选择。你可以温和地提醒他们，奖励比好心好意能带来更好的结果。同时，你也可以告诉他们人们都有想看不应该看的东西，做不应该做的事的本性。谦和地建议他们：你越批评别人做错事，别人就会越生气；你越刺激别人，别人对你的反击也就越多。

最后，你要尊重强迫型勒索者尽最大努力降低损失而不是获得收益的做法。如果你想要让这些勒索者冒险做一些不同的事情，那么你一定要讲清楚收益，而且这个收益还不能少。

7. 战斗时，小心措辞

完美主义者和清教徒从来都不会犯错。如果你批评他们，那他们就会罗列出你曾经做过的更糟糕的事情，以及那些事情发生的时间、日期以及证据。

他们最喜欢使用的防御武器就是，他们的所作所为都是由于你没有说清楚而导致的。当然，他们会毫不客气地曲解你的话语。除非你有录音，否则不要试图解释你实际说了些什么。

强迫型勒索者批评你的时候，你千万不要想着以其人之道还治其人之身。他们早已深谙此道。你应该通过提问，引导他们关注正在创造的成果。"你为什么跟我说这个？"就是一个很好的开头，接着就可以问"你想让我做什么？"

与强迫型勒索者打交道，提问题的办法要比说一些引起争议的话更有效。但如果你让勒索者给你提问题，那局面就会变成一种盘问，发展下去就是给你定罪了。

8. 无视愤怒

强迫型勒索者的脾气很难以捉摸。如果这些勒索者觉得他们的勤勤恳恳不被人理解，那他们就会唉声叹气，并对那些不勤奋的人嗤之以鼻，但他们会解释说是自己的鼻窦炎犯了。因此，不要浪费时间让他们为那些非言语的评价负责任。你需要把精力放在他们的"雷霆之怒"上，那才是一发而不可收拾的。

要时刻记住，虽然他们的言辞非常偏激，但言语就是言语，打到身上不疼不痒。这些勒索者拥有的唯一武器就是攻击性的言语，他们会对你进行道德上和价值上的攻击。如果你了解自己，那他们就伤害不了你。而如果你需要他们的认可来维持自尊，那你就完蛋了。

9. 了解你自己的底线

了解自己的底线对你会很有帮助。完美主义者和清教徒总会教给你一些你不擅长的东西。他们的教训虽然很难接受，但却很有价值。强迫型勒索者是世界上最苛刻的听众，因此如果你说服了他们，那基本就能说明你是对的。而如果你觉得需要对他们隐藏一些东西，那这就是你的不对了，他们可以帮助你变得更好，当然前提是你愿意才行。

EMOTIONAL VAMPIRES
第23章
生活中的强迫型勒索者

强迫型勒索者工作很努力,喜欢做苦差事,就像修行者一样。他们并不都是很危险的人,但却会惹人厌烦,还会经常令人伤心。和他们成功打交道的秘诀就是,认识到他们所有折磨人的行为都是因为害怕——害怕未知的东西,最重要的是害怕犯错。如果哪里出了错,那肯定是你的错,因为强迫型勒索者是不会犯任何错误的。

强迫型勒索者攻击你的时候,你要是能透过他们过激的言辞看到他们的恐惧心理,那就能更好地保护自己不受伤害。

控制狂

没人记得这是琳达第几次被选为年度志愿者了。很久之前,她就已经是慈善拍卖女皇了,而且成功举办了一系列慈善活动,但因为每年都是一个样子,所以显得有些枯燥。

如果你是她的项目组成员,那你肯定会有一份清单,上面罗列着你需要做的任务以及完成的时间。除此之外,你还会收到一封提醒邮件,以及好几通电话,以确保你准时完成了任务。所有的事情都必须井井有条,不然琳达会自己重做一遍。

罗莎已经做了几个季度的志愿者了,她有一些自己的想法,可以把活动搞得活泼一点,甚至还可以赚到钱。于是,在策划会上,她提出了自己的想法。

琳达打断她道:"我们几年前就考虑过这个办法了,但最后认为风险太大,还可能会有负面影响。其他人怎么看？"

很明显，策划会与策划没有任何关系，只是琳达的一言堂罢了。

罗莎的工作是为拍卖寻找赞助，对此她得心应手。尽管如此，她每天还是会收到琳达的邮件，告诉她应该去联系谁，又该说些什么。罗莎考虑过退出委员会，但她对这个组织倾注了很多心血，而且大多数资金都是她通过拍卖筹来的。

在发火之前，罗莎应该停下来想一想：一个人为什么会有如此强烈的控制欲？答案很简单，因为害怕。

感到害怕的人会设计让人害怕的系统，从而使自己与他们所害怕的事物保持安全距离。但比起他们所害怕的事物，他们为了保护自己免受伤害而做的事情带来的损失要大得多。

琳达的控制欲越来越强，她的项目成员做起事情来也越来越糟糕。人们担心被控制，也害怕被批评。人人都小心翼翼、如履薄冰，这导致他们犯下更多的错误。有些人不喜欢被人指手画脚，所以他们不得不做出反击。不管出于什么样的理由，由此引发的工作失误一方面增强了琳达的控制欲，另一方面又使项目成员的工作变得更加糟糕。许多有上进心、能力又强的员工在琳达的委员会中待得心力交瘁，这其中就包括罗莎。

如果罗莎能换个角度，看一看琳达害怕的东西，而不是仅盯着自己的不满，那她就能摆脱出来，至少能够不再咕哝地抱怨不停。

下面几个办法能够帮助你和琳达这样的控制狂打交道。

- **看到他们的恐惧，而不是你的愤怒**。这是与琳达这样的控制狂成功交往的秘诀。如果你想让他们对你的控制少一点，那你就必须安抚他们，而不是惹恼他们。
- **不要释放你的"内在小孩"**。武力反抗只会把事情弄得更糟糕，听你另一侧肩上的小天使的话。
- **不要称他们为控制狂**。火冒三丈地称他们控制狂，不管是喊出来，还是你内心这样想，都只会把事情搞砸。有控制欲的人会格外注意细节。他们会一眼看穿你的怒气，就好像你在他们窗户外面贴了一张写着"我很愤怒"的海报一样，你的态度会导致他们把你盯得更紧。

但即使是用最委婉的方式，讨论控制欲这种行为也会给你带来风险。即使控制狂拿自己的控制欲开玩笑，你也不要当真，因为他们内心从不会认为自己控制过度。他们只是在保护这个无情的世界，以防那些如果关注不够就会发生的错误出现。因此，别指望你能减少他们的控制欲。他们只会认为你是在批评他们，而且是他们最害怕的那种。

- 提醒自己，他们并不是针对你。控制狂经常会严厉地批评别人，但他们并不是针对某个人这样，他们对所有人都这样。他们不是认为是你或者你的能力有问题，而是认为所有的事情全都错了。虽然大部分时候他们的苛责都是杞人忧天。
- 要安抚，而不是指责。要想让一个控制狂安静下来，和训练麻雀到你的手上来吃东西一样，必须得慢慢地来，要有耐心，否则你就会被啄伤。
- 倾听。控制狂喜欢发言，这时，你最好认真地听，以示尊重。更重要的是，要让他们意识到你在听，因此，不妨把你的笔记本写满。这么做有两个原因。第一个原因就是为了安抚他们。如果你看起来在认真对待他们的指示，那他们就不会再担心你会误解他们的意思从而犯错了。第二个原因就是为了搞清楚最终成果的要求。可以的话，在第一次讲话结束的时候，就跟控制狂商量一下，怎么样在特定的时间内达成一个详细的、可衡量的成果。当控制狂在之后想要控制整个过程的时候，这一点会起到关键作用。
- 时不时拿出进度表。没有什么比大量的信息更能减轻控制狂的恐惧的了。因此，你可以时不时拿出进度表告知他们，你正和他们一样认真地工作。
- 把工作做好。对于工作，当初你是怎么承诺的，你现在就怎么去做，控制狂就不会那么担心你的表现了，他们会转去跟进那些不太负责的人。长期来看，如果你表现得足够可靠，那控制狂可能就不会对你那么苛求了，甚至偶尔还可能会听一下你的建议。

控制狂父母

如果你还未成年，那不管你的父母是什么样的人，你都会认为他们是控制狂。上面那些办法，如果你想用的话，也是可以的。

控制狂配偶

如果你的配偶是控制狂，那我在上面说的方法，还有前两章里面说的方法，大部分你都可以采用。此外，你也可以回顾一下第6章中关于值班策略的介绍。

如果你和强迫型勒索者很亲近，那你就有机会直接处理他们过度控制行为背后的恐惧。不过不要把自己的"内在小孩"释放出来。

琳达的丈夫皮特对拍卖季也很犯怵。因为琳达会连续几个月心情烦躁，对人说话吵吵嚷嚷，看什么都不顺眼。她抱怨委员会的工作必须紧盯着才行。在家里，她要求所有人必须穿戴整齐——不对，必须是连细菌都不许有——否则她就会发脾气。她说自己脑子里全是关于拍卖活动的细节，所以不允许身边有任何杂七杂八的东西。

皮特想帮她走出困境，但他似乎什么都做不好。如果厨房消毒没有做好，那她就会重做一遍，同时像蒸汽机车一样不停叹气。如果他把报纸放在了椅子旁，或者把自行车齿轮放在了门口，那就更不得了了——他感觉这个家好像都不是自己的了。

皮特也曾试着跟琳达进行沟通，但琳达总是说自己的压力太大，有时可能做得过分了，但对于她自己所做的每一件事情，琳达都有着充足的理由。她说需要皮特帮助她度过这段紧张的时期，也就是说所有事皮特都要按照琳达的吩咐去做。又是一场无效的沟通。

皮特消了气之后，又开始担心琳达强加给自己的痛苦以及那些让她不堪重负的工作。他想帮助她，但似乎他所做的一切都是徒劳。

不管是谁，和琳达这样的控制狂一起生活，都会明白，让她疯狂的不是她的工作，而是她的强迫思维。他们很难意识到自己的行为正在让包括自己在内的每个人都很痛苦。如果皮特告诉琳达，是她反应过度了，那她会认为这是在指责自己犯了错误，我们不难想象强迫型勒索者会做何反应。

- **去爱，而不是争吵。**控制狂总是很情绪化，他们会激怒身边的每一个人，但与他们硬碰硬不会有任何好结果。皮特正处于两难的时刻。他帮不了琳达，但又对她很气愤。如果皮特想帮忙，那他就要站在琳达的视角来看问题，而不是从自己的角度或是自己的"内在小孩"的角度。这并不意味着琳达让他怎么做，他就要怎么做，而是他必须用琳达的语言去跟她交流。

- **是压力而不是焦虑。**压力是外在的，而焦虑是人对外在事件的反应，心理学家对此已经做出了区分。而大多数人，特别是强迫型勒索者并没有搞清楚二者的差别。他们认为自己的担心、生气以及所有的痛苦都是外在压力直接导致的不可避免的后果，而他们所做的一切都只是对这种情况唯一可能的反应。

这是对神经症的一个有效的定义。为了帮助琳达更有效地处理她的焦虑，皮特必须在她的信念系统中进行。不管是说话还是做事，他都要表现得好像她痛苦的根源是外在的压力。这可能会非常棘手。

- **不要迎合他们的神经症。** 强迫型勒索者把自己的焦虑看作你应该包容的残障。他们希望你能答应他们的要求，容忍他们的脾气，因为他们承受了太多的压力。这么说听起来很合理，其实并不然。他们真正要求你做的，是"奖励"他们失控的焦虑。

  残障是指一个人丧失了做一些事的能力，比如下肢残障必须要坐轮椅。如果你为残疾人提供方便，比如修建坡道，或者把桌子调整到合适的高度，那就能使他们生活得好一些。但如果你迎合神经症患者的要求，让他相信自己就是这样的，什么也做不了，那只会使事情更加糟糕。你可能会认为这是"别惹你妈妈生气"综合征，而这样一来，焦虑就从对方身上转移到你自己身上了。

  还有一种迎合神经症患者的办法就是说"放弃吧"，一些好心的配偶用过，然而并不成功。这种办法是绝不值得推荐的，因为它会造成多方面的消极影响。大多数强迫症患者对于承担自己的责任会感到很荣幸，而这种办法充满傲慢，对他们来说简直就是一种侮辱。他们会认为，自己的另一半不仅不支持自己，还认为自己倾注时间和精力所做的工作都是芝麻大点儿的事情，应该果断放弃。而且，即使他们采纳了你的建议，他们学会的也只是怎么拒绝焦虑，而不是怎么处理焦虑。

  还有一种调节神经症症状的方式，那就是吃药。药物能够暂时缓解焦虑情绪，但对于改变行为并没有什么帮助，因此无法根治病症。这些药物的价值就是，可以缓解那些严重的症状，使患者能够采用其他更积极的方式来处理焦虑。

  不去迎合神经症并不意味着要直接攻击它。我们已经看到，直面琳达的种种要求和坏脾气是行不通的。我们必须引导她来改变自己的行为，从而带动她转变观念。要做到这一点，皮特应该积极地利用琳达的种种强迫行为。

- **从心理压力入手。** 如果皮特鼓励琳达直面引发压力的心理因素，而不是像琳达一样把压力归咎于志愿者无能或是家里乱糟糟等外在因素，那么琳达就有可能转变。但如果皮特只是跟她谈论那些外在的压力事件，那只会让琳达更加厌烦。而谈论引发压力的心理因素，她更愿意接受。幸运的是，成百上千本自助类书籍都谈到了应该怎么做。它们的建议都是一致的，比如锻炼身体、注意饮食、要有充足的睡眠，以及学习放松身心的技巧。

- **一起行动。**不管是散步、合理饮食、按时睡觉，还是上瑜伽课，琳达肯定会说自己没有时间。因此，皮特应该更主动一些，制定一个压力解决方案，跟她一起行动并时刻鼓励她。强迫型勒索者不会鼓励他人，但他人的鼓励对他们而言是很受用的。

第 24 章
治疗强迫型勒索者的良方

如果你看到强迫型勒索者的症状在自己身上或是你关心的人身上存在,那你应该怎么做?本章会简要介绍各种自助的办法,以及可能有用的专业疗法。再提醒你一下,试图对你熟悉的人进行心理治疗,会让你们双方都病得更重。

治疗的目标

强迫型勒索者的治疗目标是摆脱他们对坏结果的恐惧,虽然恐惧是人们生活的原动力之一。强迫型勒索者需要把精力放在那些重要的事情上,而不是纠结于琐碎的细节,更不应该让其他人为琐事筋疲力尽。人际关系对他们来说是很重要的,但他们会因为一厢情愿地为了身边的人好而不知不觉地毁掉这种关系。强迫型勒索者需要学习去爱人们本来的样子。

寻求专业帮助

从本质上说,任何会伤害到表演型勒索者的治疗方法都会对强迫型勒索者有利,反之亦然。强迫型勒索者会从注重情感表达、维持积极心态的疗法中受益。新兴的疗法,如艺术与舞蹈疗法以及对情感的自由探索会对其他勒索者造成伤害,但对强迫型勒索者来说却很有用。有一条经验就是:那些在强迫型勒索者眼里可怕又愚蠢的办法往往能产生效果。

不要对强迫型勒索者采用那些对其观念进行详细分析,并且还会布置家庭作业或要求写日记的疗法。虽然强迫型勒索者喜欢这些办法，但这些方法对他们来说并没有什么用处。

强迫型勒索者的自救方法

如果你认为自己有强迫型勒索者的倾向，那下面的这些训练对你来说会有困难，但却很有效。

- **记住首要任务**。不是暂时记住，而是一辈子都要记住。你可以想象一下你希望你的墓碑上会刻些什么，然后朝着这个目标努力。其他琐事自有人去处理。
- **不要评判，以免被审判**。不要对其他人和事情做出负面评论。每当你认为某件事很糟糕的时候，你的脑子就要快速罗列出关于这件事的两个好处。如果你想不出来，那就让其他人帮你去想。
- **消磨时间**。每天花点时间待着，什么也不做，或者用电脑上的纸牌游戏来打发时间。学习一些放松身心的技巧，并且每天练习一下，特别是在你认为自己太忙的时候。
- **详细说明结果怎样获得，但不干预过程**。要尽可能对其他人说清楚你想要的最终结果，然后抽身出来，让他们自己去做。如果你一直盯着，那别人就很难放手去做。让别人从他们自己犯的错误中去学习，而不是从你的说教中。
- **只在周四进行批评**。除了周四，一周内的其他时间都要对别人做得好的事情进行表扬，这是控制自己行为很好的办法。如果你把批评都留到一周内的某一天来进行，那你会惊讶地发现，到了周四的时候，好像并没有什么值得批评得了。记住，周四法则也适用于自己的行为。
- **每天至少当众承认一个错误**。也许可以在周四承认两个错误。

注意事项

强迫型勒索者喜欢做心理分析，也喜欢过程导向型的疗法。他们可以固执地接受很多年的治疗，就为了弄明白自己行为的根本原因，但最终什么用都没有。他们可以用高度结构化的行为和认知技巧做同样的事情，因为他们把所有的练习都做得很完美，但就是忘了从中吸取教训。

EMOTIONAL VAMPIRES

Dealing with People Who Drain You Dry
———— Second Edition ————

第 6 部分

偏执型勒索者

EMOTIONAL VAMPIRES
第 25 章
偏执型勒索者：察他人所不察

又是一个令人摸不着头脑的名字。对大多数人来说，偏执就是被害妄想。这个词形象地描绘了一种感知复杂世界的简单方式。偏执狂无法忍受任何的模棱两可。在他们眼里，没有什么东西是意外或者偶然的，每件事情都有意义，并且与其他事情相互联系。这种想法催生的不是天才就是疯子，关键要看怎么用了。

毫无疑问，偏执狂可以觉察到其他人所觉察不到的东西。但他们看到的东西真的存在吗？这是个问题。

这些勒索者有着偏执型人格障碍的倾向。与其他类型的勒索者一样，他们总是被误解，甚至治疗他们的人都会误解他们。偏执狂一词的原意就是"思考到发狂"，这个词曾用来描写各种形式的发狂，特别是那些由错误观念导致的疯狂行为。但就像偏执狂会告诉你的那样，这一概念并不像判断哪些观念是错误的、哪些是正确的那么简单。

如果你关注一下导致偏执狂产生错误观念的思维方式，而不是关注他们的观念本身，那你就不难理解偏执狂了。偏执狂可以感知到非常细微的线索，这使得他们深受其害。但偏执型勒索者不像强迫型勒索者那样不顾大局，只抓住琐碎的细节不放，他们会把细节整理得既有条理又清楚明白，以至于使自己疯狂。

偏执狂的感知能力和安排一切的冲动可能根源于他们的神经系统层面。而不论这些行为是怎么产生的，它们都给人们的生活带来了巨大的灾难。偏执狂在打量其他人的时候，他们过多地关注自己的利益，同时认为别人也和自己一样。

偏执狂渴望活在一个单纯的世界，在那个世界里，人人都言出必行，诚实可信，特别是别人在谈论他们的时候。而与之相反的是，偏执狂自己却会根据模糊不清的细节来评判他人。而事实上，人性是多面的，没有一个人的思想是单一的，也没有一种感情是纯粹的。人们之间的许多冲突稍微注意一下就能感觉得到，不管是从脸色的细微变化还是言语间的怠慢等方面都可以看得出来。大多数人并不会在意这些，但偏执狂会对它们进行精确分类——对还是错，爱还是恨，真还是假。在他们寻找答案的过程中，他们能够看穿各种诡计，直达事情本质。他们能够很容易地把别人的小心思拉扯出来并撕成碎片（尤其当这个人与之很亲近时），而这种心思所有人都会有。

偏执狂凭借他们敏锐的感知力来吸引你，他们可以很清楚地看到生活中让人困惑而又不确定的细节。再往后，他们会不断地探查在你身上感知到的不确定性，一步步榨干你。

偏执狂自己从来不会意识到，这种让自己感到害怕的模糊感是由他们自己制造的。正是他们的不信任招致了他人的口是心非；正是他们的疑心使得人们不敢把全部真相告诉他们；正是他们不断的怀疑逼走了那些本愿陪伴他们的人。偏执狂感觉他们处在一个巨大的阴谋的漩涡中，这个漩涡夺走了他们热切渴望的确定性。然后，他们就变得更加警惕，更加怀疑一切了。

事实上，偏执狂真正害怕的是他们内心深处的不确定性。他们一面拼命地想要与人亲近，一面又对亲密带来的不确定感到恐惧。因此，他们从心里竭力排斥对亲密感的渴望。然而，若没有爱，偏执狂对纯洁和真理的追求都是徒劳的。

偏执狂的纯洁

偏执狂依据非黑即白的原则看待一切事情，他们把所有不确定的东西从自己的生活中剔除掉。在偏执狂看来，真诚、忠实、勇气、荣誉等类似的东西并不是抽象的，它们是鲜活的，这是偏执狂一贯秉承的原则，如果需要，他们甚至可以为之付出生命。不过还好，这只是偏执狂想象出来的。当然，实际情况会更复杂。偏执狂会像其他人一样，冠冕堂皇地为自己自私自利的行为进行辩护，而且可能更甚。而最危险的是，偏执狂从不认为自己的品德有问题。即使是前文所说的清教徒，如果认识到是自己的错误，那么即使不情愿，他们也会原谅他人。而偏执狂从不会原谅别人。清教徒只是对犯错的人施以惩戒，而偏执狂则会把他们投入熊熊烈火之中。

除了道德上的问题，偏执狂也有许多极其纯粹的思想。许多把宇宙连接起来的组织原则都是偏执狂思考的产物，还有你听说过的其他的疯狂的理论。

偏执狂在天真无邪和愤世嫉俗之间摇摆不定。他们的目标是建立一个完美的世界（或者是家庭和公司），在其中的每个人都遵循同样简单和严格的规则。如果人们同意他们的观点，那偏执狂就会感到很快乐，同时也愿意做一个友爱和乐于奉献的人。但如果其他人妄想有自己的想法，那偏执狂就会感到受到了侮辱。当人们试图离开他们的小天堂时，他们就感到失望和受伤。而一旦他们受到伤害，就会去伤害其他人。

偏执狂是所有勒索者中意志最坚定、头脑最清醒的催眠师。他们创立了教派以及发展教派的洗脑术。而不管偏执狂是创立教派，还是组建家庭、公司、政党或是发起一个宗教运动，他们都会说服你明确意识到，只有信奉和忠诚于他们才能得到回报。强迫型勒索者会说如果你想要升入天堂的话，那你就要努力工作，而偏执狂会说你唯一需要做的就是信奉他们。如果你不这样做，那你就会付出很大的代价。

偏执狂的特点

想象一下你和梦中情人约会的时候，特别是你不说话，拼命想从对方说的每一个字中找出她对你的看法的时候。只要你发现一丁点对方接受你的迹象，你的心情就会飞起来，同样，只要你发现一点儿对方拒绝你的迹象，你的心情就立马会跌入谷底。这对于偏执狂来说是常事，他们会如此仔细地检查分析每一次谈话。他们挣扎在模棱两可的话语洪流中，试图抓到几根有用的稻草，不过经常抓得太紧，使稻草折断，慢慢漂远了。

然而，对偏执狂来说，许多稻草都变成了利箭。偏执狂存在的意义就是感知一个接一个的背叛。他们的痛苦是高贵的，他们的悲伤和自命不凡辐射了整个宇宙。做一个偏执狂真的很痛苦。

有些偏执狂会放弃，完全缩回到自己幻想的世界中去。而另一些擅长社交的偏执狂则能够吸引朋友和爱人，并把自己的安全与健康交给他们负责。一提到偏执狂，人们就会感到头痛，可以想象做一个偏执狂会是什么感觉。奇怪的是，偏执正是他

第25章　偏执型勒索者：察他人所不察

们的一个优点。偏执狂渴望了解自己，也希望被他人理解。他们自私自利的行为虽然让其他人很痛苦，但却能给他们带来在艺术、哲学和宗教等领域的创造力。偏执狂和自恋狂是非常有创造力的两大人群。偏执狂的自我抗争是世界上许多伟大文学的主题。典型的例子就是科幻小说，你肯定读过不少类似的情节：一个普通人在自己身上发现了神秘的超能力，而这种超能力能够使他们参加星球大战。当然，在忠实的朋友的帮助下，他们肯定会获胜。偏执狂吸引他人的地方，就是他们对于纯粹道德的追求，在他们看来，这就是自己拥有的"超能力"。不用说，这种力量也有黑暗的一面。

识别偏执型勒索者的心理测试

是非题（每选择一个"是"得1分）

1. 这个人整天疑神疑鬼。　　　　　　　　　　　　　　□是　□否
2. 这个人密友很少。　　　　　　　　　　　　　　　　□是　□否
3. 这个人经常无事生非。　　　　　　　　　　　　　　□是　□否
4. 这个人会把许多情况看作善恶之间的较量。　　　　　□是　□否
5. 这个人从不会伤害或者虐待他人。　　　　　　　　　□是　□否
6. 这个人很少把别人告诉他的话当真。　　　　　　　　□是　□否
7. 这个人会因为一些微不足道的小事而跟别人绝交。　　□是　□否
8. 不论多小概率的欺骗，这个人都能觉察到，有时候，根本不存
   在的欺骗他们也声称感觉到了。　　　　　　　　　　□是　□否
9. 这个人要求别人的言行绝对忠诚。　　　　　　　　　□是　□否
10. 这个人对他的家人（或亲密的朋友）有强烈的保护欲望。　□是　□否
11. 这个人会从他人认为没有关联的事物中发现联系。　　□是　□否
12. 这个人会把别人的一些小错误比如迟到、忘记注意事项看作对
    自己的不忠诚或是不尊敬。　　　　　　　　　　　　□是　□否
13. 这个人会把别人背后说的话当面说出来。　　　　　　□是　□否
14. 这个人很有幽默感，但永远不会嘲笑自己。　　　　　□是　□否
15. 这个人为什么会生气似乎很难预料。　　　　　　　　□是　□否
16. 这个人会把自己看作多种歧视的受害者。　　　　　　□是　□否
17. 这个人认为信任是争取得来的。　　　　　　　　　　□是　□否
18. 这个人会因为刻板地遵守原则而采取不当的行为。　　□是　□否

19. 这个人经常声称要起诉别人，从而为自己洗刷冤屈。　　□是　□否
20. 这个人会通过反复盘问来测试他人的忠诚度。　　□是　□否
21. 这个人会收集可以证明自己观点的证据。　　□是　□否
22. 这个人相信《圣经》或其他宗教文本的字面解释。　　□是　□否
23. 这个人相信存在不明飞行物，相信占星术、超自然现象或是其他大多数人认为可信度有待商榷的说法。　　□是　□否
24. 这个人公开支持对某些阶级的人进行残忍的惩罚，他们的口头禅就是："他们应该把所有的顽固派分子……"　　□是　□否
25. 虽然我不想承认，但尴尬的是，这个人有时对我的评价是对的。□是　□否

得分：选择"是"达到五个即可将该人定义为偏执型勒索者，不过不能确认是否为偏执型人格障碍。选择"是"达到12个及以上，那你就要小心了，因为帝国的突击队员有可能会突然上门。

心理测试的内容

心理测试中涵盖的具体行为包括以下几种潜在的能够定义偏执型勒索者的人格特征。

洞察力

偏执狂可以察觉其他人察觉不到的东西，比你看到的东西多得多。他们总能看到表面之下隐藏的含义以及更深层次的现实。他们很有洞察力，经常能够找到理由去怀疑他们本该信任的人。在偏执狂的世界中，直觉和怀疑的界线就像蜘蛛网一样细，但却比刀片还要锋利。

无法忍受不确定

偏执狂需要答案，即使答案并不存在。再复杂的情境，他们都需要一个非黑即白的解释。对于偏执狂来说，一切都是简单而又清楚的。一些事情之所以会模糊不清，是因为有人故意掩盖了真相。偏执狂就喜欢制造阴谋论。

偏执狂对世界的过分简单化赋予了他们巨大的勇气以及奉献精神。对于自己、自己的原则以及为数不多的他们认为很亲近的人和事物，他们会进行强有力的维护。就像我们都知道的，偏执狂会为自己的信仰献出生命。当然，也包括别人的生命。

第25章　偏执型勒索者：察他人所不察

阴晴不定

偏执狂前一秒还对你热情似火，后一秒就会给你泼冷水。他们的心情好坏取决于他们对周围人的忠诚度的即时感知。如果他们感受到了背叛，那他们就会立即展开攻击，速度之快以至于你都意识不到发生了什么。

他们的攻击也能很快结束，因为许多攻击都只是为了测试你的忠诚度。如果你通过了，那他们会立即平静下来。但如果你没有通过，那你就打起精神准备彻夜争吵吧。

偏执狂和其他勒索者不一样，他们能够承认自己的错误，可以接受批评，也能在短时间内做出适当的改变。但这种改变只是为了使你做出让步。如果你没有履行所谓的协议，那偏执狂会毫不犹豫地背叛你。

浮夸

偏执狂渴望被理解，他们所谓的亲密就是，花费六七个小时的时间与你分享他们对生活的感悟，或者向你说明你的行为是如何伤害了他们。

嫉妒

偏执狂并不理解信任的含义。他们似乎从来没有意识到，信任应该存在于自己的观念里，而不是其他人的行为中。所以，如果你与一个偏执狂的关系很亲近，那你必须要时时刻刻证明你是值得他信任的。如果你们是情侣，那你更要这么做了。偏执狂会不断地问你约会的时候在想什么。

牵连观念

偏执狂在寻找真相的时候，会把一切事物都联系在一起，然后用自己的思维方式来解读。对于可怜而又善良的偏执狂来说，世界就是一个让他们痛苦的阴谋。你若是和一个偏执狂交往，那不管你说什么还是做什么，都跟他们有关系。

怀恨在心

偏执狂认为复仇是解决他们痛苦的良药。但他们从来不会意识到，这其实正是导致他们痛苦的原因。并不是说偏执狂不会原谅他人，只是他们原谅的速度就像冰川融化的速度一样慢。

第 26 章
夸大妄想的空想家和绿眼怪

偏执狂可以分为两种类型：空想家和绿眼怪①。应对这两种偏执狂的办法差不多，因此我们放在同一章节进行介绍。虽然他们说的话、做的事大相径庭，但作为偏执狂，空想家和绿眼怪的本质是一样的。他们可以给你制造两种不同的麻烦，当你关注他们太多时，他们会制造一种麻烦，而当你关注他们太少时，他们又会制造另一种。但不管是哪种麻烦，都会让人筋疲力尽。为了保护自己不受伤害，你需要知道偏执狂的哪种想法来自他们独特的世界观，哪种想法只是他们内心冲突的典型体现。要区分清楚很难，这需要你拿出所有你研究其他情感勒索者的聪明才智来，甚至还要更多。为了保护自己，你必须了解他们，但更要了解自己。

偏执狂的追求

偏执狂一直在寻找他们的圣杯②，也就是一个可以解释一切的简单思想。这些勒索者厌恶模棱两可，不相信会存在模糊的事实。不管是行星运动，还是股市波动，抑或是人们对自己的看法，在偏执狂看来，总有一个确切的答案，而且他们会不惜一切代价找到它。

偏执狂总是在寻找线索，他们恨不得用显微镜去审查自己的爱人，以准确了解

---

① 绿眼怪出自莎士比亚的戏剧《奥赛罗》，用来比喻嫉妒心强的人。——译者注
② 圣杯原指耶稣在最后的晚餐中使用的酒杯。后来在西方的文化中，一般用寻找圣杯来比喻人们对真理和智慧的求索。——译者注

他们去了什么地方，什么时候去的，以及和谁一起。

偏执狂最大的弱点是，比起模糊不清的事实，他们更乐意相信"阴谋"。他们会一脸严肃地给你解读"背后的真相"，而这往往要比模糊的事实更具有吸引力。偏执狂会要求你相信他们说的那些并无真凭实据的"背后的真相"，并以此榨干你。不过，如果他们怀疑你是隐藏真相的那个人，那你就走着瞧吧。

偏执狂的催眠术

偏执狂自己有妄想症，但他们也能使他人产生妄想。他们有着坚定的决心，一定要催眠你，让你相信他们发现的"背后的真相"。他们会不断摧毁你的抵抗，直到你接受他们的说辞。但偏执狂那些疯狂的想法有时听起来很合理，就好像他们翻遍垃圾堆找到了一块金子，而你似乎早就知道金块其实一直就在那里。如果你有这种想法，那你要小心了。因为对我们来说，告诉我们想听什么的人总是比告诉我们真相的人更有影响力。不要盲目跟着感觉走。你越想去相信，就越应该怀疑。

识别偏执狂催眠术的最准确的信号就是，他们不允许你接受其他人的意见。在偏执狂简单的世界中，如果你认为别人的观点比他们的更有分量，那你的所作所为简直比叛国还要罪不可恕。然而，不要因为他们会难过而不与信任的人一起验证他们的观点。有一条规则要一直记着，那就是不要让一个勒索者成为你唯一的信息来源。

偏执狂跟那些"二手车推销员"不一样，他们告诉你的都是他们自己相信的。因此，不要为他们的言辞凿凿所蒙蔽，以至于不去查验事实。正如我们之前多次了解到的一样，最厉害的催眠师早已把自己催眠了。

空想家

读到这里，你可能会想，为偏执狂烦恼有什么用呢？离他们远一点不就行了。

事情并不是那么简单，你想离偏执狂远一点，但他们并不会远离你。即使偏执狂人不在你身边，他们的思想也会围绕着你。你到处都能听到他们的言论——在饮水机旁、在后院篱笆旁，最重要的是在网上。你每天听到的相当一部分新观点都是偏执狂的思想结晶。有些观点听似很疯狂，但不过是改头换面的旧思想。而有些观点确实很新颖，也很有用，甚至还能赚到钱。关键是你要能准确地做出区分。

勒索者韦伦取来第二瓶啤酒，他笑了笑，哼着鼻子，"哇，"他说道，"我都记不起上次喝两瓶啤酒是什么时候了,那一周肯定很棒。"

加里举杯庆祝道:"看来你这周过得很棒啊,有什么好事说来听听?"

韦伦往四周看了看,确认没有人在偷听,然后小声说道:"多年来,我一直在研究股市变化的规律,终于,功夫不负有心人。"

"真的?"加里说道,并喝了一口啤酒。

"当然,"韦伦回答道,"你知道他们怎么谈论斐波那契数列引起的扩张和收缩周期吗?人人都知道这些数列对于预测股市整体趋势很重要,但直到现在还没人能够把该数列运用到单只股票的预测上,或者说,至少还不能够做出可靠的预测。那是因为他们没得到这个。"韦伦扯过来一张鸡尾酒餐巾纸,写下一个长长的方程式,翻过来让加里看。

加里并不知道斐波那契数列是什么,他用手指拍了拍餐巾纸上潦草的数字。"你是告诉我你能用这个预测股市?这么神奇吗?"

"这么说吧,"韦伦说道,"一个月前,我投资了 1000 美元,这个公式预测有三只股票会涨,然后我就买了,结果每只股票都上涨了。两周后,我投了之前三倍的钱进去,买了一只预测说会飞涨的股票,结果今天下午的确涨起来了。"

加里心想,韦伦能否把他的公式给《X 档案》中的斯考利和穆尔德[①]看看,但他并没有说出口。相反,他问韦伦是否可以告诉他这只股票的名字。

韦伦又打开一瓶啤酒,想了一分钟左右,然后在餐巾纸上写了一个名字"光纤公司",还用手捂着,以防别人瞥见。两天后,加里看到了商业报纸的头版头条:通信股飞涨。

"光纤公司上涨 15 个百分点,表现最好。"

"穆尔德,你应该看看这个。"加里心想。

你嘲笑加里,觉得他不如回家算了,别再惦记韦伦那疯狂的想法了。但在此之前,你应该知道,像比尔·盖茨和史蒂夫·乔布斯这样的人,过去也可能在酒吧和人有过一些奇怪的谈话,而当时他们激进的想法也可能会被人当作痴心妄想。设想一下,如果当时你恰好也在那里,而他们给你一次买入的机会,那你会怎么做?如果你当时只是一笑而过的话,那你现在又做何感想?

再假如,如果你真的投入了所有的积蓄,但后来证明不过是一场骗局,那你又会怎么想?

[①] 斯考利和穆尔德:美剧《X 档案》中的探员,擅长调查神秘事件。——译者注

怎么辨别那些疯狂的想法

互联网出现后，偏执狂的想法和那些庸俗的笑话传播得一样快。聊天室和收件箱每天都充斥着化妆品广告、投资计划、小道新闻，还有对即将发生的灾难的警告。有些是那些空想家的"远见卓识"，而另外一些只是傻瓜们的咆哮。好消息是，那些疯狂的观点，不管是危险的还是愚蠢的，都具有一定的预见性。为了弄清哪些观点是合理的，你首先必须无视那些确信疯狂无疑的想法。这并不容易，因为有时你自己的需求会让你不自觉地去相信那些想法。下面这几个办法，可以帮你对每天成堆的新闻进行筛选。

- **了解那些想法的背景。** 那些很久以前就存在的、具有吸引力但不正确的想法，会从偏执狂无意识的内心深处以另一种面貌浮现出来，引起那些缺乏警惕心的人的注意。这其中包括那些家喻户晓的骗局，如永动机、点石成金、占星术、超自然现象、古代的预言、治疗癌症的秘药、毫不费力的减肥方法，以及外星人准备用诡计接管世界的"证据"，等等。这些想法的影响力很大，因为总有人愿意去相信它们。可惜的是，它们基本上都不是真的。并不是说这些想法永远不可能实现，而是它们在过去和现在已被多次证明就是假的。如果它们现在真的能够实现，那新的证据必须有足够强大的说服力，才能解释过去那些失败的实验。

    要特别警惕那些秘密、秘闻或是可以解释一切的理论。

- **要理解那些想法的运作机制。** 不能仅仅因为一个想法复杂且难以理解就认为它是正确合理的。要记住，疑惑不解是催眠的一个信号。评估一个想法是否正确的第一步就是要理解它。如果加里要检验韦伦预测股票的办法，那他就需要了解那些数列是什么。虽然这项任务费时费力，但很有必要。有一条很好的经验就是，永远不要把钱投在你一知半解的地方。对于任何一个想法，你想深入理解它的话，就一定要了解它的运作机制。大多数疯狂的想法在这方面都经不起推敲。

    斐波那契数列是一连串数字，每一项是前两项的总和。有意思的是，许多自然过程都符合这一公式，不过并不精确。加里要想评估韦伦的想法，就需要了解数列和股市运作之间的关系，而不能仅仅看两者表面上的联系。

- **向他人求证。** 偏执狂对你的质疑越愤怒，你就越需要进行验证。一个新的主意是不是好主意，有一条很好的经验就是：如果能有两个强迫型勒索者接受它，那你也应该接受它。

- **了解他们的动机。**要经常问自己，如果你接受了那个想法，那么受益者会是谁。经济利益只是一方面，你要记住，这不仅仅是钱的问题，偏执狂更希望自己的信徒来充当验证自己想法是否正确的"小白鼠"。

因此，你还需要了解自己的动机。这个世界充满了诱人的偏执想法，虽然我们希望这些想法是真的，然而它们并不是。神奇的减肥餐、神秘的疗法，以及那些宣称只要信奉就可以获得救赎的歪理邪说，这些都是利用了人们对健康和幸福可以不劳而获的狂热幻想。

如果一个想法与你自己隐秘的幻想很接近，那你就很有可能会不假思索地去相信它。空想家们很了解这一点，因为他们自己也是这样的。因此，他们会很乐于向你证实，任何比你拥有更多财富的人都是通过不公平的手段来获取财富的，或者只有少数人真正知道世界上正在发生着什么，而你就是其中之一。

然而，空想家的另一些想法，我们并不希望是真的，但不幸的是，它们就是真的。悲观的经济学家劝我们要多省钱；烦人的医生告诉我们不良的生活习惯能够害死人；未来主义者多年来一直在倡导我们要更快地掌握先进技术；环保人士不断地强调一个简单但饱受争议的事实，那就是我们所有人都要做出个人牺牲来保护地球。我们许多人不愿意相信这些偏执狂的想法，倒不是因为这些想法缺乏证据，而是因为相信它们的话，我们的生活就必须做出一些我们并不情愿的改变。

- **验证这些想法。**评估一个想法最好的办法是基于它做出预测，看看这些预测在现实情况下是否会实现。这就是科学方法背后的原理。韦伦的斐波那契数列理论在偏执狂的想法中算是不寻常的一种，因为我们可以对它的预测进行验证。如果加里想要知道这个办法是否合理，那他需要提前知道韦伦的一些预测，并记录下命中率。一次准确的预测并不能说明什么，即使是过去许多准确的预测也不足以证明这个办法的正确性，因为加里没法知道相对于准确的结果，有多少不准确的结果。如果韦伦希望加里出钱分享自己的发明成果，那么加里应该把这种投资看作一场赌博，不要投入超过自己所能承受的损失的资金。

在你为一些创意买单之前，先看看它们的效果如何。这就是科学研究的意义所在。你不必自己去做研究，但你必须要了解。科学家接受可能改变自己思维方式的观点要比其他人慢得多，但是证据可以说服他们。尽管我们都听说过被科学家拒绝但后来证明正确的想法，但事实是，那样的想法实在是不多。

偏执狂那些疯狂的想法通常都是不可验证的。因为它们往往倾向于解释过去，而不是预测未来。它们能否为人们所接受，更多取决于信徒的需求，而不是想法本身正确与否。一个想法听起来不错并不意味着它就是正确可行的。

如果创造力意味着换个角度看问题，那么偏执狂无疑是所有情感勒索者中最有创造力的。虽然他们创造的东西只存在于他们的脑子中，但有时他们的想法能让你以一种全新的方式看待这个世界。但究竟要怎么看决定权还是在你。

绿眼怪

嫉妒是一个相当危险的偏执想法，也是相当普遍的。对方爱我们远没有我们爱对方多，所有人都曾有过这种怀疑。但是，我们大多数人都能够忍受这种不确定，而绿眼怪不行。忠诚对他们来说就是一切。这么重要的东西，他们不可能不加怀疑地全盘接受。他们会一而再再而三地试探你，直到把你的忠诚消磨殆尽。

晚高峰时，勒索者约瑟夫驾着车在拥堵的路上缓慢驶离市区。当然，还有充足的时间可以悠闲地享受晚餐，再看一场电影。丽莎坐在副驾驶位置、斜靠着车门休息，心里很感激约瑟夫为自己开车。他们两个人出门的时候，都是由他来开车。在第一次约会的时候，丽莎还想，为了公平起见，是否应该中途要求由自己来开车。而现在，她很庆幸自己不用开车。爱人开车来接自己的感觉很享受，让她有一种被照顾的感觉。约瑟夫人很好，也许有点死板，不过他很善良也很体贴。

在等红绿灯的时候，他转向丽莎，笑着说："今天过得怎么样啊？"

丽莎想了想自己忙碌的一天——做头发、逛商店、把衣服送到干洗店、中午和姐姐一起吃了快餐。"哦，一般吧，"她说道，似乎也找不到特别有趣的话题，"外出办事，就这样，没什么特别的事情。"

"我还以为你真的很忙。"

"是很忙啊，你为什么这么说？"

"我给你打了几次电话，都转到语音信箱了。"

"哦，手机一直没电，需要修一修了。"

"我也打你座机了。"

"是吗？我没收到电话留言。"

约瑟夫耸了耸肩。"我没有留语音，没什么重要的事情。我想着稍后再给你打回去。"

"哦。"

"你出去了有一阵子了。"

"是啊，去了一个又一个地方。你知道吧，我休息的时候会比工作还忙，因为终于有机会坐下来了。"

"那你都去了哪里？"

"哦，"丽莎说道，她没想到约瑟夫竟然对自己无聊的一天这么感兴趣。"剪头发、逛商店、打扫卫生、吃午饭、去银行取款，我还买了一条新的连袜裤。"说着，她把裙子往膝盖上面微微掀起。"你喜欢吗？"

"嗯嗯，很漂亮，"约瑟夫说道，"那你午饭在哪里吃的？"

"在第四大道上的百吉饼店，那正好挨着安妮的办公室，因为她只有半个小时休息时间，还有就是……"

"你是和你姐姐一起吃的饭吗？"

"是啊。"丽莎边说边咯咯地笑，感觉有点不安。"约瑟夫，"她又笑了，并且突然有了一个荒谬的想法，"你好像在监视我。"

约瑟夫也笑了。"没有啊，"他说道，"没有的事儿，我只是好奇而已。"

偏执狂的嫉妒就是从这些细小而又无辜的问题开始的。一开始，那些潜在的受害者还可能会感到受宠若惊，因为有人在担心他们，担心他们在同别人约会。而一旦那些细小无辜的问题成了两人关系中的日常，那种被恭维的感觉就消失了，受害者才意识到，无论怎么回答，问题都是没完没了的。

许多绿眼怪，比如约瑟夫，会迎合受害者被征服、被照顾的幻想。在交往中，偏执狂会通过保护对方、送对方礼物、为对方做一些没有要求做的事情来讨对方欢心。同时，他们希望能因此得到对方绝对的忠诚。但即使得到了，他们也会一遍又一遍地验证。像丽莎这样的人会接受这种关爱，却不知道自己需要付出多么可怕的代价。

偏执狂总是在言语、行为或思想上寻找他人背信弃义的蛛丝马迹。毫无疑问，他们最终总能找到自己寻找的东西。这并不是因为那些证据是客观存在的，而是因为

第26章　夸大妄想的空想家和绿眼怪

他们不断地关注越来越小的细节。没有一个正常人能达到偏执狂对心灵纯洁的要求。

偏执型嫉妒之所以成为一个问题，其中一个原因就在于人们总是试图安抚和消除偏执狂的疑虑，而这完全是错误的。想想这其中的强化关系，你的所作所为会让绿眼怪以为，恋爱关系中有嫉妒性的问题是正常的，反正对方会解释的。而如果"丽莎们"在第一次面对猜疑的问题时，能这样处理，那将会更有意义：

约瑟夫，也许是我太敏感了，但听起来你好像是在审查我，这样做很恐怖。我现在告诉你，你要记住，我知道自己有男朋友，只要我们还在谈恋爱，我就不会和其他人约会。你没有必要审查我，我也不允许你这样做。如果你不相信我的忠诚，那我们就分手。

不幸的是，像丽莎这样幻想被照顾的人很少愿意在一开始就冒着分手的风险，如此果断地提出要求。但她迟早会后悔的。

下面这些策略可以帮你与生活中的绿眼怪打交道。和其他许多保护你不受勒索者伤害的策略一样，这些策略要求你不能跟着感觉走。同时，使用时请谨慎，因为嫉妒心很重的偏执狂是很危险的。

- 回答大问题，不回答小问题。大问题就是："你忠于我吗？"诚实地回答这个问题，但要拒绝进一步的盘问。

  嫉妒最危险的地方就在于，你越想消除猜疑，猜疑就越严重。回答细节问题只会带来更多的猜疑和盘问。唯一赢得这场"真心话"游戏的方法就是一开始就不参加。嫉妒是绿眼怪自身的问题，而且是永远都不会改变的。

- 不要接受对爱情的考验。感情是没办法证明的。只有偏执狂才会说爱就意味着要放弃自主权。如果你喜欢的人要求你采取某些行动来证明你的爱，那你就让他通过信任你来证明他的爱。这样做可以帮你理解，信任存在于另一半的头脑中，而不是存在于你的行为上。

  偏执狂很难信任他人，因此你的所作所为并不能解决这些问题。偏执狂会跟你哭诉他们过去经历过的背叛，从而让你做出妥协——乖乖回答他们的问题，以安抚他们受伤的心灵。你可以认真对待他们的痛苦，但绝不要相信你所做的任何事情能治愈他们。

- 不要欺骗偏执狂。如果一个偏执狂从你善意的谎言中发现了蛛丝马迹，那接下来的盘问将源源不断。而你一定要解释清楚，不要认为隐瞒一些事情能让偏执狂好过一点，或是能让自己摆脱盘查。偏执狂会毫无顾忌地检查你的抽屉，翻看你的手机，甚至核对汽车的里程表。而无论他们找到什么证据，无论证据多么微不足道，都会使他们相信搜查你的东西是对的。

绿眼怪还会仔细审查你的一言一行，以找出你对他们的真实看法。如果你对他们不再感兴趣了，那就没必要藏着掖着，因为他们什么都会知道。如果你选择此时结束这段关系或是求助于有经验的婚姻治疗师，那双方就都不会那么痛苦。而如果你对自己能否正确回答大问题都表示怀疑，那说明你是时候离开了。偏执狂相信永世的惩罚，即使对方的不忠诚只是自己幻想出来的。

- **如果关系结束了，那就不要再联系对方。**当你离开甚至是被偏执狂赶出去时，他们通常希望你能回头。然而，这种做法通常是为了报复你而不是出于对你的爱。他们会仔细解读你的言行举止，看你有没有回心转意的迹象。千万不要客气！偏执狂总是会把你的礼貌当作旧情复燃的信号。如果你和一个偏执狂结束了关系，那就不要藕断丝连，一定不要回头。一旦离开，就不要接对方的电话，也不要接受他们的拜访。如果你们离婚了，那就让你的律师来处理和他相关的事情。

九个对抗偏执狂的办法：如何让偏执狂面对现实

1. 了解他们，了解他们的过去，了解你的目标

对于偏执狂来说，没有什么比自己的美德更真实纯粹的了。他们努力让这个世界来适应他们狭隘的信仰。同时，他们也对事实进行裁剪拉伸，以迎合他们自己的认知。有时，这个过程会拨开错觉，揭示宇宙的根本结构。然而，更常见的是，它对事实造成了巨大的扭曲。与偏执狂相处，你的目标就是分清楚是非对错。

2. 向他人求证

偏执狂的想法在黑暗中会溃烂，因此必须把它们拖进阳光里。不管偏执狂有多么不情愿，你都要根据你们双方同意的标准对他们的想法进行核实。偏执狂把这种做法看作彻底的背叛。因为对于他们来说，忠诚就意味着要保守秘密。

不要答应偏执狂为其保密，要坚定捍卫自己和信任的人讨论任何事情的权力。不让你和你的表兄弟们讨论你们的关系可能还说得过去，但要求你不要和你的医生、律师、会计讨论一些事情，那就完全站不住脚了。

3. 为其所不为

对于偏执狂认为的所有简单的事情，你要从中找出复杂性来。真正的美德必须把人性考虑在内，因为人性不仅仅是上帝的失算。事情永远不会像偏执狂想让你相信的那样绝对。

而对于偏执狂认为复杂的事情，你要从中找出简单性来。比如他们为什么这么残酷无情。他们就是疯子，因为没人会像他们那样做的。

要相信其他人，除非你有足够的理由怀疑他们，同时，还要乐于接受不同的观点。

偏执狂渴望理解。你可以理解他们，但不是在屈服于他们的淫威的情况下。你还要善于倾听，但不要把倾听和听话弄混了。

4. 要观其行，而不是听其言

偏执狂总认为自己的所作所为是高尚的。他们经常会用"为了遵从更高水平的道德"（只有上帝和偏执狂才具备），来为愤怒、仇恨以及精神虐待辩护。不要费心去问他们为什么要那么做。答案永远都是一样的：因为那是正确的。一旦偏执狂开始合理化一些事情，那所有事情就都可以做，除了承认自己的动机不纯。

事实上，偏执狂和其他类型的情感勒索者一样，行为举止跟婴儿无异。他们希望那几个为数不多的自己信任的人能立刻满足自己的要求。同时，他们会严厉惩罚那些没有达到他们要求的人。偏执狂这么做是处心积虑还是因为心理扭曲都不重要。你要关注他们实际做了什么，而不是他们这么做的原因。

5. 择战而赢

与偏执狂永远无法打赢的战争，就是证明你是值得信赖的。即使你们都愿意为对方去死，他们也还是会怀疑你。总会有一些相互矛盾的信息是偏执狂想让你解释的。不要着了他们的道，因为那是条不归路。偏执狂无法忍受人际交往中一些正常的模糊情境。不要去迎合他们，这是偏执狂自己必须改正的一个缺点，你一定要让他们努力去改正。信任存乎于心，而不是存乎于行，要为这个想法而战斗。尽管这场战斗很艰难，但你是可以取胜的。

6. 利用强化原理

对于偏执狂来说，最大的奖励莫过于你去理会他们的想法，而这将会强化他们的"浮想联翩"。因此，我们要极力避免这一情况出现。

面对绿眼怪，你要把注意力放在他们对你的信任而不是猜忌上。

"如果你……我就……"不仅对其他类型的年幼的勒索者很有用，对任性的偏执狂来说也很有用。比如，你可以说："如果你再问我当时在哪里，在做什么的话，我就去另一个房间了，这样我们双方都能冷静下来。"对抗偏执狂想法最有效的策略就是保持沉默并开门离开。我们之前介绍过这种暂停策略，但如果你在走之前说了气话，那这个策略就失效了。

对于偏执狂来说，还有一个重要的强化手段就是打断他们的长篇大论，而不是倾听或是反驳。偏执狂喜欢争论，他们可以争论几个小时而不知疲倦。因此，阻止他们的最好办法就是不要让他们开始。

顺便提一下，如果你使用了暂停策略，那即使对方完全同意，你也要离开房间，或者至少是把门打开。偏执狂认为你有责任倾听他们所说的每一个字，在他们眼里，这是你的荣幸。他们会说服你认为，不让他们发泄就意味着背叛。不要在这一点上进行争辩。如果他们不让你离开，那你完全可以把这种行为看成一种暴力，而且很有可能会随着时间升级。

7. 战斗时，小心措辞

首先，永远不要问为什么。偏执狂什么都能解释，而且他们能绞尽脑汁一直狡辩，直到你筋疲力尽不得不接受。偏执狂对批评很敏感，但是与其他勒索者不同，他们会听从你的意见，有时还能吸取教训，因为他们真的很想成为你眼中和自己眼中值得敬佩的人。因此，要想有效地批评偏执狂，你可以学学那些经典的布道之词。但不要像强迫型勒索者那样说"死了要下地狱受折磨"之类的话，多关注他们灵魂中所拥有的神性吧。

大多数勒索者都有自己为数不多的一些很重要的信念，如荣誉、诚信、忠诚和爱，他们可以为此赴汤蹈火。而在偏执狂阴暗的内心深处，这些伟大的信念可以很快转变成复仇的碎片。有效的批评可以帮助勒索者用诸如"信任、仁慈、开明"等词汇来重新定义那些信念。当然，这项任务需要充分挖掘你的佛性。因为你愤怒的时候是做不到的。

对于那些做不到如此佛性的人来说，询问偏执狂的核心信念对于解决当前的困境也是有帮助的。比如，你可以问"这么做会带来什么荣耀？"或者"爱不需要谅解吗？"以及"忠诚是否意味着永不意见相左？"这样的问题可以帮你打开偏执狂的心门，而如果这样问都不奏效，那就说明你遇到的偏执狂太另类了。

8. 无视愤怒

眼泪、呵斥、说教、东拉西扯、充满嫉妒的盘问、夸张地表演痛苦——一旦偏执狂开始发脾气，一晚上你都甭想睡觉。但如果你因此屈服，那就不是一晚上的问题了，而是余生都要这样了。按照本章的观点，你最好在偏执狂发脾气之前阻止他们。

9. 了解你自己的底线

从许多方面来讲，偏执狂都是所有类型的情感勒索者中最顽固也是最危险的。他们会保护你、珍惜你，甚至能使你的人生丰富多彩，但他们要求你对他们绝对忠诚，这种忠诚不允许有一丁点折扣。因为对于偏执狂来说，不是全有就意味着全无。也许在偏执狂眼里，这是他们一生中最美妙的事情。但对其他人来说，这只会导致身心俱疲和无尽的痛苦。是否要接近偏执狂由你说了算。不过，有一件事是肯定的，那就是在你尝试理解偏执狂之前，你必须先要了解你自己。

EMOTIONAL VAMPIRES
第 27 章
治疗偏执型勒索者的良方

如果你发现自己或者你关心的人身上存在偏执行为的迹象，那你该怎么办？本章会简要介绍一些有用的自助方法和专业疗法。但是要记住，永远不要对你了解的人进行心理治疗，那只会使你们双方都病得更重。

治疗的目标

偏执狂的目标是学习如何忍受模棱两可，特别是别人对他们情感上的模棱两可。另一个相关的目标是原谅那些仅仅存在于感知中的"背叛"。通常，他们需要一个训练有素的专业人士来帮助他们实现这些目标。

寻求专业帮助

偏执狂需要专业治疗师的帮助，但"挑战"偏执狂的治疗师，一定要经验足够丰富，足够"见过世面"。只有这样，才不会被偏执狂吓到不知所措。然而，即使如此，针对偏执狂的治疗也经常无功而返，因为心理治疗要想取得效果，最重要的就是要建立与治疗师的信任感，而这对于偏执狂来说很难。并且，为了控制治疗过程，偏执狂往往会选择那些经验较少，或根本没有接受过专业培训、刚刚入行的治疗师。偏执狂试图催眠那些经验不足的治疗师进入他们的替代现实，希望借此避免他们提出那些令人尴尬的问题。有时偏执狂真能成功做到这一点，但更多时候都是他们被"踢出"治疗室。但不管怎么样，偏执狂的病情都会恶化。

偏执狂的自救办法

如果你发现自己有偏执狂的倾向，那下面这几种策略对你来说会比较困难，不过会很有效果。

- **审视现实。**你能为自己做的最重要的事情就是，要意识到你看到或怀疑的一些东西并不存在。你需要一个值得信任的知己来和你讨论这些想法。这个人要足够强大，能够在他发现你的错误时及时告诉你，但不要选任何家庭成员或者恋人来做这个知己。
- **其他人做什么，跟你一点关系都没有。**偏执狂有一个通病，就是觉得如果身边的人对自己是忠诚的，那让他们做什么，他们就应该自觉去做。这近乎妄想，因为多数时候，其他人根本没时间想到你。这并不是对你忠不忠诚的问题，而是一个很正常的现象。要允许亲近的人有与自己无关的生活空间，不要因此而感到焦虑。
- **原谅并忘记。**偏执狂的记忆往往会把轻视和疏忽变成背叛和屈辱。当你在脑海中不断重现一个小过失时，它们就会越变越大，你也会感到越来越痛苦。如果你发现自己正在这样做，立刻停止！你正在给所有人制造痛苦，尤其是你自己。让那些鸡毛蒜皮的小事随风而去吧，原谅并忘记它们。如果你做不到，那就找个心理治疗师吧。

注意事项

偏执狂往往会根据政见或宗教信仰的相似性来选择治疗师，而不是根据他们的受业经历以及工作经验。而如果偏执狂用治疗的时间去讨论政治或是宗教，而不是他们自己的行为，那只会使所有人更痛苦。

EMOTIONAL VAMPIRES
Dealing with People Who Drain You Dry

后记

黎明将至：赢得与情感勒索者的战斗

恭喜你，与情感勒索者战斗这么久，依然毫发无伤。情感勒索者是世界上最难以相处、也最让人筋疲力尽的生物。但是你现在知道，他们的邪恶源于内心的软弱而非强大。勒索者的性格被一些原始的、不成熟的需求扭曲了。正是这些需求使得这些夜行者们既迷人又危险。如果你了解了他们的需求，那你也就了解了勒索者。

反社会型勒索者追求刺激。它们以恶魔般的魅力和充满诱惑的承诺在黑暗中吸引着你。但如果你希望他们在第二天早晨还能记住对你的承诺，那你肯定会被榨干。

表演型勒索者生来就渴望获得关注。他们会用惊艳的表演来迷惑你，而一旦帷幕落下，一切就都支离破碎了。为了抓住表演者给你编织的梦，你不得不把这些碎片重新拼凑起来。

自恋型勒索者认为他们自己是上帝赐予这个世界的礼物。他们会告诉你，你和他们一样特别，但一旦得到了自己想要的东西，他们就会连你的名字都不记得——直到他们有了新的需求。

强迫型勒索者似乎好得令人难以置信。他们追求完美，努力工作，遵守规则，试图掌管方圆10英里内的一切，也包括你。

偏执型勒索者在黑夜中潜行，寻找简单而又真实的答案。他们的确定性让人很安心——直到他们开始对你有所怀疑。

后记　　黎明将至：赢得与情感勒索者的战斗

那些认为情感勒索者"生病了"的想法是错误的。人格障碍并不是由微生物或者重要器官的病变引起的，而是由患者本身那些被误导的、甚至是强制性的选择导致的。认为人格障碍是一种疾病也很危险，因为有教养的人们总是会为病人提供各种方便，而勒索者不应该享有这种优待。要想更好地与情感勒索者打交道，你必须了解他们，也必须了解你自己。下面这几点你必须要谨记。

- **手握控制权的是你，而不是勒索者。** 勒索者会竭力让你相信，除了顺从他们的心意，你别无选择，但这不是事实。在和勒索者交往的时候，你总会有其他的选择，即使只是离开。
- **从与他人的交往中获得力量。** 勒索者因为贪得无厌而被孤立。他们榨干你的唯一的方式就是把你也孤立起来。他们用催眠把你从信任的人身边拉开，说服你相信你遵守的那些规则早已作废了。别听他们的！拉开窗帘，让阳光照进来。你对抗情感勒索者的力量来自你和其他人以及任何比你自身更强大的东西的联系。和这些勒索者交往时，要信任你的老朋友，坚守自己的价值观。为他们保密只会伤害你，你因感觉难堪而不想讨论的事情，也是你最需要与其他人分享的事情。
- **直面恐惧才能获得安全。** 情感勒索者利用恐惧和困惑来控制你。如果你发现自己害怕了，那就停下来，转身回去。通向安全的道路总要经历恐惧，不要躲避。当你和他们打交道时，最可怕的选择往往是最正确的。

直面情感勒索者，知识、成熟和判断力是你最好的武器。现在我们读完了这本书，你已经有了知识，而成熟和判断力则需要你在战斗中不断提高。

Emotional Vampires: Dealing with People Who Drain You Dry（Second Edition）
ISBN:978-0-07-179095-6
Copyright © 2012，2001 by Albert Bernstein

No part of this publication may be reproduced or transmitted in any form or by any means, electronic or mechanical, including without limitation photocopying, recording, taping, or any database, information or retrieval system, without the prior written permission of the publisher.

This authorized Chinese translation edition is jointly published by McGraw-Hill Education and China Renmin University Press. This edition is authorized for sale in the People's Republic of China only, excluding Hong Kong, Macao SAR and Taiwan.

Translation copyright ©2020 by McGraw-Hill Education and China Renmin University Press.
All rights reserved.

未经出版人事先书面许可，对本出版物的任何部分不得以任何方式或途径复制或传播，包括但不限于复印、录制、录音，或通过任何数据库、信息或可检索的系统。

本书中文简体字翻译版由麦格劳－希尔（亚洲）教育出版公司授权中国人民大学出版社合作出版。此版本经授权仅限在中华人民共和国境内（不包括香港特别行政区、澳门特别行政区和台湾地区）销售。

版权 ©2020 由麦格劳－希尔（亚洲）教育出版公司与中国人民大学出版社所有。

本书封面贴有麦格劳－希尔公司防伪标签，无标签者不得销售。
北京市版权局著作权合同登记号：01-2017-5808

版权所有，侵权必究。